畜禽粪污资源化利用典型案例系列丛书

畜禽粪污资源化利用

——整县推进典型案例

全国畜牧总站　组编

中国农业出版社
北　京

《畜禽粪污资源化利用——整县推进典型案例》

编 委 会

主　任 负旭江

副主任 杨军香

委　员 孟海波　周海宾　于家伊　李赛明

编 写 人 员

主　编 孟海波　杨军香

副主编 周海宾　于家伊　李赛明

参　编 李保明　徐　旭　战汪涛　徐　健
孙长征　杨兴明　曹翠萍　张　晓
周荣柱　李冬博

前言

近年来，我国规模化畜禽养殖业快速发展，已成为农业农村经济较具活力的增长点，有力推动了现代畜牧业转型升级和提质增效，在保供给、保安全、惠民生、促稳定方面的作用日益突出，但畜禽养殖业规划布局不合理、养殖污染处理设施设备滞后、种养脱节、部分地区养殖总量超过环境容量等问题逐渐凸显。畜禽养殖污染已成为农业面源污染的重要来源，如何解决畜禽粪污处理利用问题，成为行业焦点。

2017年，国务院办公厅印发《关于加快推进畜禽养殖废弃物资源化利用的意见》（国办发〔2017〕48号），提出以畜牧大县和规模养殖场为重点，以沼气和生物天然气为主要处理方向，以农用有机肥和农村能源为主要利用方向，健全制度体系，强化责任落实，全面推进畜禽养殖废弃物资源化利用，加快构建种养结合、农牧循环的可持续发展新格局。2017年以来，国家在585个畜牧大县启动了畜禽粪污资源化利用整县推进工作，以提高畜禽粪污综合利用率、消除面源污染、提高土地肥力为目标，以种养结合、农牧循环、就近消纳、综合利用为主线，通过整县推进，确保多方协同、连片实施，探索模式、总结推广，为在全国范围内实现畜禽粪污资源化利用、有机肥替代化肥、治理农业面源污染探索成功模式，加快构建种养结合农牧循环的可持续发展方式。经过2年多的努力，各地按照“主体小循环、区域中循环、县域大循环”的理念，探索形成了一批种养结合、集中处理、整县推进的典型案例，为加快推进我国畜禽粪污资源化利用进程，打好农业农村污染治理攻坚战和提升农业绿色发展水平做出了重要贡献。

作为国家级畜牧技术推广机构，全国畜牧总站近年来高度重视畜禽养殖污染防治工作，组织各级畜牧技术推广机构、高等院校和科研单位的专家、学者开展专题调研和讨论，对各省形成的畜禽粪污资源化利用的种养结合、集中处理和整县推进典型案例进行研究分析，组织编写了《畜禽粪污资源化利用典型案例系列丛书》。

本书为《畜禽粪污资源化利用——整县推进典型案例》，共分析了我国23个畜禽粪污资源化利用整县推进典型案例，从县域概况、总体设计、推进措施和实施成效等四个方面，重点对整县推进的总体思路、典型模式、机制构建等进行总结，以期为各省因地制宜整县推进畜禽粪污资源化利用工作提供借鉴。

本书图文并茂，内容理论联系实际，介绍的经验做法具有先进性、适用性特点，可供畜牧业主管部门、科研人员、技术推广人员、畜禽养殖从业者学习、借鉴和参考。

本书的编写得到了各省（自治区、直辖市）畜牧技术推广机构、科研院校和养殖场的大力支持，在此表示感谢！书中难免有疏漏之处，敬请批评指正！

编　者

2019年8月

目录

南方地区

江苏省海安市

一、概况

（一）县域基本情况

江苏省海安市隶属于南通市，位于南通、盐城、泰州三市交界处，东临黄海，南望长江，靠江、靠海、靠上海，是苏中水陆交通要冲，气候宜人，雨水充沛，河网密布，物产丰富。全市总面积1 180千米^2，总人口 96 万人，下辖 10 个区镇。海安市是全国著名的教育之乡、装备制造之乡、建筑之乡、茧丝绸之乡、禽蛋之乡、河豚之乡、纺织之乡、花鼓之乡、紫菜之乡和长寿之乡，先后获得国家生态县、全国科技进步示范县、全国文明县城、全国绿化模范县、江苏省文明城市、江苏省金融生态示范县等数十项国家级、省级荣誉称号。

2018 年，海安市实现地区生产总值 993 亿元，增长 8.1%；一般公共预算收入 61.7 亿元，增长 2.8%；固定资产投资 447.4 亿元，增长 8.6%，城乡居民人均可支配收入分别达44 112元、21 473元，增长 8.5%、9.3%。2018 年，海安市在全国中小城市综合实力百强榜、最具投资潜力中小城市百强榜排名分别列第 28 位、第 7 位，在全国工业百强县排名列第 26 位。

（二）养殖业生产概况

海安市是畜牧业大市。近年来，全市坚持以绿色发展、提质增效为中心，以引导产业转型升级、畜禽粪污资源化利用为重点，规划引领，深入开展畜禽养殖标准化示范创建，组织实施禽蛋产业三年行动方案，全面推进规模化、标准化、设施化、产业化、生态化建设，现代畜牧业发展绽放新面貌、取得新成效。海安市先后被确定为中国禽蛋之乡、国家级“无公害禽蛋标准化生产综合示范区”，也是全国生猪调出大县和江苏省生猪产业大县。2018 年，全市生猪年末存栏 39.5 万头，年内出栏 72.6 万头，饲养量 112.1 万头；家禽年末存栏1 610万只，年内出栏1 586.2 万只，饲养量3 196.2 万只；山羊年末存栏 43.5 万只，年内出栏 55.02 万只，饲养量 98.52 万只；全市肉、蛋、奶总产 25.46 万吨，畜牧业产值 51.5 亿元；全市先后创建农业农村部畜禽标准化示范场 6 家、省级畜牧生态健康养殖示范场 76 家，规模养殖占比生猪 98.11%、肉禽 99.67%、蛋禽 99.12%、山羊 51.26%、奶牛 100%。全面推广蛋鸡层叠式全自动养殖模式，采用全自动养殖的蛋鸡达 800 多万只，蛋制品精深加工企业 8 家，年加工鲜蛋达到 10 万吨，生产清洁蛋 1 万吨以上。

全市年畜禽粪污产生量130万吨，折合为128万猪当量*，可提供氮养分0.9万吨、磷养分0.15万吨。近年来，全市通过加大财政资金投入，建立健全畜禽粪污治理和综合利用体系，引导建设蓄粪池、中转池、沼气池1.6万多个，有机肥厂12个，沼气并网发电项目14个，新增装机容量3 900千瓦，农田沼液管网4万多米，畜禽粪便处理中心5个，90%规模养殖企业实现了农牧结合。

（三）种植业生产概况

海安市耕地面积81万亩**。2018年，全市粮食作物播种面积119万亩，其中，夏粮播种面积55万亩、秋粮播种面积64万亩。夏粮以小麦为主，播种面积45.8万亩；秋粮中水稻种植面积55.8万亩，玉米播种面积3.6万亩，大豆播种面积3.7万亩。全市油料作物播种面积3.5万亩，蔬菜播种面积24.86万亩，投产桑园7.04万亩，全年新增造林面积1.5万亩。2018年，全市小麦、水稻统计单产分别达413千克/亩、641.7千克/亩，均为江苏省第一；稻麦年单产1054.7千克，连续11年达到亩产吨粮水平，连续13年保持江苏省第一。

据测算，2018年，全市农作物养分需求量为氮养分1.6万吨、磷养分0.54万吨，以氮养分为基准折算，海安区域畜禽粪污土地承载力为148万猪当量；同时，海安市还有约40万亩绿化造林面积（含桑园）未纳入计算范围。实施化肥减量工程，大力推进农牧结合、种养循环也将进一步推进畜禽粪污资源化利用。

二、总体设计

（一）组织领导

为加强对畜禽粪污资源化利用工作的组织领导，海安市专门成立畜禽粪污资源化利用工作领导小组，由市长担任组长，分管副市长任常务副组长，市应急办副主任以及财政、农业农村、生态环境部门主要负责人为副组长，相关职能部门为成员。领导小组下设办公室，农业农村部门主要负责人兼任办公室主任，重点协调并具体组织开展畜禽粪污资源化利用工作。按照属地管理要求，明确各区镇政府成立专项工作小组，主要负责人亲自抓、负总责，分管负责人具体抓。海安市将畜禽粪污资源化利用列为全市考核重点事项，强化考核考绩和结果运用。2019年，先后印发《海安市2019年打好污染防治攻坚战暨“生态文明建设杯”考核办法》（海办发〔2019〕32号）、《海安市打好污染防治攻坚战暨“两减六治三提升”专项行动细化实施方案》（海政办发〔2019〕45号）。由于措施得力，上下共振，形成合力，近年来，在上级各项工作考核中，始终位居前列。2018年5月，江苏省畜牧业高质量发展现场推进会在海安市召开；2019年3月18日，《新华日报》以《海安：畜禽粪污治理“过三关”》为题，介绍了海安市在畜禽粪污资源化利用工作的成功做法和经验。

---

* 猪当量指用于衡量畜禽氮（磷）排泄量的度量单位，1头猪为1个猪当量。1个猪当量的氮排泄量为11kg，磷排泄量为1.65kg。按存栏量折算，100头猪相当于15头奶牛、30头肉牛、250只羊、2 500只家禽。

** 亩为我国非法定计量单位，1亩≈667 米^2。——编者注

（二）规划布局

海安市根据省、市工作部署，先后制定出台《海安市畜禽养殖区域划分管理办法》《海安市畜牧业区域布局调整优化方案》，科学划定畜禽养殖区域，进一步调整优化畜牧业区域结构、品种结构和产业结构，加快一、二、三产业深度融合，实现畜牧业转型升级与生态环境保护协调发展。新建、改建、扩建畜禽养殖场，必须符合全市及区镇土地利用总体规划、畜牧业发展规划、畜禽养殖污染防治规划，选址要避开基本农田，满足动物防疫条件，进行环境影响评价（简称环评），按相关规定办理用地、环保等审批手续，执行环保“三同时”制度和排污许可制度，未经批准擅自建设的按违法建筑处理。

（三）管理原则

1. 生态优先，控减总量 科学合理划定畜禽养殖禁养区，根据周边土地消纳能力，严格控制畜禽养殖总量，促进畜牧业可持续发展。

2. 种养循环，综合利用 以就地就近肥料化利用为重点，因地制宜采取不同处理模式，多路径、多形式、多层次推进畜禽养殖废弃物资源化利用。

3. 政府支持，市场主导 充分发挥市场资源配置的决定性作用，建立健全种养循环发展和畜禽养殖废弃物资源化利用政策支持保障体系，建立完善畜禽粪污专业化社会化收运有偿服务模式。

4. 分级管理，属地负责 坚持属地管理原则，建立健全权责明晰、分工负责的责任体系。

（四）工作机制

1. 总体思路 全面贯彻党的十九大精神，以习近平新时代中国特色社会主义思想为指引，遵循“创新、协调、绿色、开放、共享”发展理念，聚焦畜禽粪污资源化利用，确立“以种定养、以养促种”和“减量化、再利用、资源化”的种养循环发展思路，紧扣源头减量、过程控制和末端利用三个环节，调整优化养殖区域布局，规范养殖生产经营行为，加强养殖污染治理监管，推进养殖粪污综合利用，建立稳定、有效的管理体制和运营机制。

2. 配套政策 执行市农机、财政部门联合下发《关于开展2018年海安县农机购置补贴实施工作的通知》（海农机〔2018〕35号），落实农机购置补贴政策。参照《省物价局关于确定无锡天顺等沼气发电项目上网电价的通知》（苏价工〔2017〕237号），做好沼气发电企业的并网及上网电价等政策的执行。执行市自然资源局、农业农村局、生态环境局、行政审批局联合印发《关于规范畜禽养殖设施农用地手续办理的通知》（海国土资发〔2017〕52号），支持畜禽规模养殖及养殖粪污治理利用项目用地。税费优惠方面，执行《财政部 国家税务总局 国家发展改革委关于公布环境保护节能节水项目企业所得税优惠目录（试行）的通知》（财税〔2009〕166号）的有关规定；执行《财政部 国家税务总局关于印发〈资源综合利用产品和劳务增值税优惠目录〉的通知》（财税〔2015〕78号）的有关规定，对利用畜禽粪污生产沼气、利用沼气发电，执行资源综合利用产品和劳务增值税即征即退优惠政策；执行《财政部 国家税务总局关于有机肥产品免征增值税的通知》（财税〔2008〕056号）的有关规定，继续对符合要求的有机肥产品（有机肥料、有机-无机复混肥料和生物有机肥）免征增值税。

3. 工作方法 海安市立足“源头减量，过程控制，末端利用”，狠抓关键措施落实。

（1）源头减量环节 以控制养殖总量和减少粪污排放为目标，调整优化畜禽养殖布局，按照“种养配套、畜地平衡”的原则，以区镇为单位，亩均耕地生猪存栏量不得超过0.8头，对占用基本农田、河道及水利工程管理范围的生猪养殖场（户）依法进行清理，对污染严重、群众反映强烈且无法整改的养殖场（户）依法关停。指导养殖场（户）开展雨污分离、固液分离改造，推广节水减排养殖工艺。

（2）过程控制环节 一是抓好畜禽养殖污染治理核查。按照《海安县畜禽养殖污染治理核查技术要点》要求，持续推进畜禽规模养殖场、中小规模生猪养殖场（存栏100～199头）整改及粪污治理核查认定工作，确保到2020年，治理率分别达90%和80%以上。二是强化日常监管，形成“五个一”的监管机制。建立全市畜禽养殖网格化管理系统，实行“一图、一表、一册、一单”管理。一图即各镇形成规模养殖场分布图；一表，即规模养殖场粪污处理情况一览表，实行动态管理；一册即监管手册，实行一场一档；一单即问题移交单，监管人员发现问题不能处理的及时向有关部门移交。同时，按照“网格化管理，一对一监管”的养殖污染监管要求，在完善已执行的“一图、一表、一册、一单”基础上，有计划推行畜禽养殖污染治理公示制度，所有养殖场（户）实行挂牌公示，记载畜禽粪污收集设施、配套消纳耕地面积以及粪污去向等重要信息。三是严格执法。组织对未依法进行环境影响评价的新、改扩建规模养殖场，对粪污处理设施不运行，向环境偷排、漏排污染物的行为，依法进行严格查处。

（3）末端利用环节 推广就近还田、有机肥生产、沼气发电、第三方收运服务组织集中收运、畜禽粪便处理中心等5种畜禽粪污资源化利用模式。重点支持大、中、小养殖场粪污收集贮存、处理、利用设施设备的购置和改造，支持规模养殖场购置罐式发酵设备发展有机肥生产，支持沼气发电等能源化利用项目。打破农牧结合发展瓶颈，加强田间贮存池、粪肥输送管网建设。鼓励开展畜禽粪污治理新探索，积极采用新技术、新设备。守住底线，加强设备更新投入，保证畜禽粪便处理中心正常运行。

4. 部门协调 明确职能部门岗位职责。海安市发展和改革部门在有机肥生产、沼气发电等项目的立项、可行性论证等方面给予重点支持。海安市农业农村局负责畜禽粪污处理设施建设的技术指导、组织实施；负责测土配方施肥、水肥一体化利用、粪污还田、有机农产品生产等技术推广和服务；负责沼气工程建设、沼渣及沼液使用等方面的技术指导和服务。海安市生态环境局负责养殖场环境执法监督，日常监管。海安市财政局负责财政资金的落实以及涉农资金的整合与规范管理。自然资源部门负责畜禽规模养殖及畜禽粪污资源化利用的土地规划统筹及调剂。税务部门负责落实有机肥、沼气生产企业以及沼气发电上网的税收优惠政策。供电部门负责落实畜禽规模养殖及畜禽粪污资源化利用的用电政策，负责沼气发电企业的并网及上网电价等政策的执行。农业机械部门负责落实利用中央财政农机购置补贴资金，对畜禽养殖废弃物资源化利用装备的敞开补贴政策。

5. 项目统筹 海安市以组织实施2018年中央畜禽粪污资源化利用项目为契机，强化政策引导，整合资金资源，放大带动效应。一是全力推进项目实施。项目规划总投资6 798.08万元，其中中央财政投资3 500万元。项目下达后，海安市农业农村、生态环境、财政部门联合印发《2018年中央畜禽粪污资源化利用项目实施意见》（海农〔2018〕141号），海安市人民政府召开了由子项目业主、各区镇政府分管负责人、畜牧兽医站站长、项目监管单位和监管人员、相关部门分管负责人参加的畜禽粪污资源化利用整市推进项目启动会，全面启动项目建设。2019年6月19日，市政府分管负责人组织召开由农业农村局、生态环境局、财政局、纪律检查委员会等部门参加的协调会议，对实施主体发生变化、项目实施方案调整等事项进行了落实。6月下旬，市政府再次组织召开项目推进会，部署全面冲刺项目任务指标，确保高质量完成项目建设。二是强化项目资金使用管理。严格执行中央预算内投资管理的制度规定，做到专户管理，独立核算，专款专用，严禁滞留、挪用。对中央财政奖补资金的使用，采取先建后补方式，对已进行项目财务审计，并通过组织验收的承担单位，及时、足额拨付项目资金，不挪用、不截留。三是多途径资金支持。协调金融机构开展养殖场信贷、担保以及股权合作等金融服务的指导与支持，支持企业通过政府和社会资本合作（PPP）模式、采取股份合作等方式筹集资金，吸收社会资金参与，多途径解决融资难题。支持海安普豪生物能源有限公司采用PPP模式建设畜禽粪污第三方处理中心。

三、推进措施

（一）规模养殖场

针对规模养殖场，组织开展以畜禽粪污资源化利用设施建设为主要内容的养殖污染治理核查，严格落实养殖主体责任。2017年7月，海安市下发《关于印发〈海安市畜牧业区域布局调整优化方案〉的通知》（海农〔2017〕71号），专题部署全市畜禽养殖污染治理核查工作。根据《海安市畜禽养殖污染治理核查技术要点》，全市各区（镇）畜牧兽医站在指导辖区内养殖场（户）抓好整改的基础上，与生态环境、自然资源部门共同组成联合核查组，通过现场检查、查看台账资料，对养殖场（户）的畜禽粪便处理和利用设施配套情况、粪便处理状况、污水收集处理及畜禽粪便资源化利用情况分别核查，并在统一印制的“海安市畜禽养殖污染治理核查表”上签署意见、签字确认。按照“一户一档”的要求，将“海安市畜禽养殖污染治理核查表”以及涉及的相关证明材料，分别建立纸质和电子档案，集中保管，随时备查。图1为海安锦宏牧业的小型有机肥发酵装置。

图1　海安锦宏牧业的小型有机肥发酵装置

（二）规模以下养殖场（户）

全面推广生态健康养殖技术，从选址布局、设施配套、饲养良种、养殖工艺、动物防疫、投入品使用、粪污治理等方面集成系列配套技术，指导养殖场（户）开展雨污分离、固液分离改造，推广节水减排养殖工艺，进一步规范养殖生产经营行为。继续实施严格的设施农用地备案制度，全面落实畜禽规模养殖环评制度，通过畜禽规模养殖场直联直报信息系统，构建直联共享、分级使用的规模养殖场信息管理平台，实行动态管理。

（三）第三方处理中心

2015年，海安市政府先后印发《海安县畜禽粪便收运组织设施设备购置及运行奖补暂行办法》（海政规〔2015〕7号）、《海安县畜禽粪便处理中心运行管理考核办法的通知》（海政办发〔2015〕105号），明确粪便收运组织和畜禽粪便处理中心的运行机制和考核办法。办法明确要求各区镇人民政府及养殖密集村应当建立畜禽粪便收运组织，收运组织必须为独立法人，自主经营，自负盈亏，具有一定经济实力和抗风险能力，能够独立承担民事责任。办法出台系列优惠扶持政策，对收运组织新购置吸粪车等设施设备市财政补助70%，区镇补助30%，每年按照收运收费数量，市、镇各按25%的比例给予收运组织运行奖补。明确粪便处理中心由收集运输和处理两部分组成；其中，收集运输由各区镇农村环境综合整治办公室负责，处理由5个畜禽粪便处理中心负责。畜禽养殖污染治理考核以奖代补经费每年250万元由市和区镇财政共同负担，具体为每年市财政统筹安排190万元，各区镇财政统筹60万元。按照畜禽粪污资源化利用的目的和要求，海安市全面推进畜禽粪污沼气发电和上网工程。全市新建畜禽粪污沼气发电项目14个，装机容量3 900千瓦。图2为海安市向阳奶牛场13 000米^{3}的沼气池。

图2　海安市向阳奶牛场13 000米^{3}的沼气池

（四）农牧结合种养平衡措施

2018年，海安市印发《海安市种养循环发展规划（2018—2020年）》（海政办发〔2018〕231号），规划重点推广畜禽粪污资源化利用5种模式。一是就近还田模式。该模式主要在中、小规模养殖场（户）推广，用肥淡季贮存粪肥，用肥旺季集中使用，需要配套建设与饲养规模相匹配能存贮60天左右粪量的蓄粪池。市政府拨付财政资金1 200万元在全市养殖密集村的田间地头建设96个粪污收集中转池，容积达到25 720米^3。二是有机肥生产模式。该模式主要在大、中规模养殖场推广。支持有机肥生产企业引进更新设备、扩大产能、延伸服务链，开展从生产、销售到田间施肥一条龙服务，支持鼓励规模养殖场购置罐式发酵设施设备发展小型有机肥生产。三是沼气发电模式。该模式主要在大、中型规模生猪养殖场以及专业化运营企业推广，支持企业自建种植基地或与周边的果园、蔬菜基地、农业园区、家庭农场配套建设沼液输送管网、田间贮存池，实现农牧结合、种养循环。四是第三方收运服务组织集中收运模式。该模式适用于中、小规模养殖场（户），第三方收运服务组织与养殖场（户）签订协议，有偿提供收运服务，进行畜禽粪污市内外调剂，开展田间撒肥配套服务。五是畜禽粪便处理中心模式。该模式适用于在用肥淡季粪肥贮存、利用确有困难的中、小规模养殖场（户），由畜禽粪便处理中心实行托底服务，进行干湿分离，将干粪提供给有机肥生产企业，对粪液进行净化处理。图 3 为田间地头的粪污暂存设施。

粪肥中转池

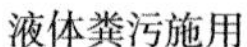

液体粪污施用　　田间粪污暂存池

图 3　粪污暂存设施

针对养殖粪污直接还田仍是主要资源化利用途径的实际，根据不同来源养殖粪污，结合作物不同品种、生长时期，区域土壤肥力，制定畜禽粪污还田标准，大力倡导科学施肥、测土施肥。按照折合成干粪的营养物质含量，指导沼渣、沼液施用，选择在基础条件较好的区镇，开展水肥一体化技术的试点及研究工作。继续加强有机肥生产、使用技术的推广应用，进一步完善肥料登记管理制度，加强商品有机肥质量监管，实施化肥减量使用工程，确保到 2020 年，全市化肥施用总量比 2015 年减少 5%。

四、实施成效

（一）目标完成情况

近年来，海安市贯彻“生态优先，控减总量；种养循环，综合利用；政府支持，市场主导；分级管理，属地负责”的发展思路，全力推进畜禽养殖废弃物资源化利用，取得显著成效。2018年，海安全市畜禽粪污综合利用率达到88.5%，规模养殖场粪污处理设施装备配套率达到98.2%，规模养殖场粪污治理达标率达到100%。2019年，确保畜禽粪污利用率达90%以上，畜禽规模养殖场设施装备配套率、养殖粪污治理率均达100%。全市畜牧产业布局进一步优化，围绕规范养殖生产经营行为、加强养殖污染治理监管、养殖粪肥综合利用建立起稳定、有效的管理体制和运营机制，形成绿色发展、科学发展的良好格局。

（二）工作亮点

1. 明确养殖场污染治理主体责任 结合养殖场污染治理工作，加强宣传教育，提高思想认识，按照“谁污染谁治理”的原则，落实养殖场污染治理的主体责任，引导养殖场主动改进养殖设施设备，采用先进技术，自主建设和完善与饲养规模相匹配的粪肥贮存设施，积极开展农牧结合、种养循环，促进养殖粪肥在种植业的使用。

2. 严格新建养殖场用地备案 严格执行《规范畜禽养殖设施农用地手续办理的通知》（海国土资发〔2017〕52号），对畜禽养殖污染防治的有关条款，高点要求，从严把关，确保新建一批能够发挥典型示范带动效应的规模养殖企业。

3. 完善养殖场（户）退出机制 制定实施《海安县畜禽禁养区养殖场关停工作实施方案》《海安县畜禽禁养区养殖场关停工作验收办法》，对禁养区确需关闭养殖场以及因缺少规划、设备老化、设施陈旧，愿意退出的养殖场（户）实施关停。2017年，全市关停96家，市、镇两级财政实际使用资金801.78万元。2018年，全市关停593家，市、镇两级财政实际使用资金1 635.83万元。

4. 出台支持畜禽粪便处理中心、畜禽粪便社会化收贮运组织长效运营的政策机制 海安市先后出台《海安县畜禽粪便处理中心运行管理考核办法》《海安县畜禽粪便收运组织设施设备购置及运行奖补暂行办法》，通过政策和资金支持，保障集中收运和专业处理体系的正常运营。

5. 鼓励开展畜禽粪污治理新探索，采用新技术、新设备 生产环节，鼓励规模养殖场配套尾气净化设备，减少废气对周边环境的影响；支持养鸡场购置适用于层叠式养殖的链式带状清粪系统，加装通风装置，降低鸡粪含水率。末端利用环节，支持有机肥生产企业扩能增效，鼓励通过推行科学施肥、测土施肥，实现从生产、销售到田间施肥一体化服务；鼓励规模养殖场通过罐式发酵设施设备发展有机肥生产，改善粪肥直接还田的单一利用方式，促进畜禽粪肥流通商品化、使用便捷化、施肥科学化。

（三）效益分析

海安市通过全面推进畜禽粪污资源化利用，在有效利用粪污资源、变废为宝的同时，推动全市畜牧业转型升级，促进城乡居民生活环境日益改善，社会、经济、生态效益显著。

1. 社会效益 全市以畜禽粪污资源化利用为契机，优化畜禽养殖区域布局，通过强化养殖技术升级改造、设施设备更新，引导产业转型升级，提升集约化、自动化、现代化养殖水平。按照“以种定养、以养促种”和“减量化、再利用、资源化”的发展思路，推进农牧结合、种养循环，有效提升了全市农业资源循环利用效率，遏制和减少了农业面源污染，加快构建高质量、绿色发展新格局。

2. 经济效益 通过沼气发电上网、发展有机肥生产等多种途径，加工增值、转化增值，使得曾经放错位置的资源得到充分合理利用，变废为宝。海安市建成有机肥厂 12 个，年产能 10 万吨，有 10 多家规模养殖企业购置安装小型发酵罐，发展有机肥生产；兴建沼气并网发电项目 14 个，新增装机容量 3 900 千瓦，取得了较好的经济效益。

3. 生态效益 通过抓好养殖区域划分，宜养则养、应关则关，有效化解了群众反映强烈的突出问题，有效改善了城乡居民生活环境，实施有机肥替代化肥工程，减少了农业面源污染，改良了土壤，促进了农业增产增效。

江苏省泰兴市

一、概况

（一）县域基本情况

泰兴市位于江苏省中部、长江下游北岸。北纬 31°58′12″—32°23′05″、东经 119°54′05″—120°21′56″，总面积 1 172.27 千米^2，水域面积 216.58 千米^2（含江域面积 42.88 千米^2）。泰兴气候温和，四季分明，年平均气温 14.9℃。全市总人口 117.88 万人，总面积1 172千米^2，现辖 15 个乡镇、1 个街道、2 个省级经济开发区。2018 年全市实现地区生产总值1 050.34 亿元，基本竞争力百强县（市）排名第 29 位，农业生产总值 101.55 亿元，人均地区生产总值97 697 元，一般公共预算收入为 74.51 亿元，其中税收收入为 62.69 亿元。

（二）养殖业生产概况

畜牧业是泰兴市传统优势产业，是全国第一批生猪超百万养殖大县，先后被国家、省授予生猪调出大县、江苏省生猪产业大县、江苏省生猪特色产业基地等称号。近年来泰兴市畜牧业一直保持较快的发展速度，2018 年全市畜牧业生产总产值 31.5 亿元，占农业总产值 49.1%，农民人均来自畜牧收入1 300多元，肉类总产量 10.8 万吨。

1. 养殖规模化标准化水平逐步提高 全市规模养殖场户 655 个（生猪栏存 200 头，家禽存栏 1 万只，山羊存栏 600 只，牛栏存 50 头以上），其中存栏1 200头猪当量以上规模养殖场 77 家，中小规模养殖场 578 家，建成种猪繁育基地 2 家、种公猪站 1 家。出栏2 000头以上生猪规模企业和省级以上畜禽规模企业基本都进行了圈舍标准化改造、设施提档升级，规模猪场建有限位栏、产仔栏、保育栏，安装自动饮水机、刮粪机、湿帘、冷风机、排风扇、可视化监控、全自动喂料系统等。畜产品加工体系完备，建成了以百汇农发、丽佳、永盛科技、平顺皮革等为代表的畜禽加工产业，拥有标准化屠宰场 5 家，形成了猪头、毛、皮、肉、血、蹄、内脏等 7 大系列精深加工产品。“金洋宇”“百汇”等品牌生猪、“美味鲜”“脆巴香”等品牌卤制品和猪肉干成为泰州市名特产品，全市猪肉及猪副产品加工产值达 120 亿元。拥有澳华农牧、九鼎科技等为代表的饲料加工厂 3 家，兽药企业 4 家。

2. 养殖布局逐步优化 以绿色发展、提质增效为核心，以转方式、调结构为主线，按照“种养结合、以地定畜”的要求科学制定畜牧业发展规划，优化养殖布局。

3. 畜禽养殖粪污处理能力明显提升 2018 年出栏生猪 109.8 万头、家禽 948.8 万只、肉羊 25 万只，生猪大中型规模养殖比重、生态健康养殖比重分别达 79.4%、64.8%，各类畜禽折合猪当量存栏 73.3 万头，年产生粪污 173 万吨。全市 10 家大型养殖场建立 1 500 米^3 的大型沼气罐和100千瓦以上的发电机组，200多家养殖场建立中小型沼气池，30多家养禽场采用刮粪机，有效提升了粪污处理及资源化利用能力。

（三）种植业生产概况

泰兴市土地总面积116 964.83公顷，其中农用地79 647.91公顷（耕地66 672.03公顷），占土地总面积的68.10%，建设用地25 602.89公顷，未利用地11 714.03公顷。土地形态以平原为主，河流纵横其间，地势东、北高，西、南低，由东北向西南渐次倾斜，按地形特征，全市地貌可分平原、河流、滩涂地3种形态。全市农作物总播种面积13.92万公顷，其中，粮食面积9.64万公顷，总产量73.5万吨；油菜面积0.83万公顷，总产量2.24万吨；蔬菜（含瓜果）播种面积2.83万公顷，总产量97.64万吨，全市土地承载力可满足125万头猪当量畜禽养殖。

二、总体设计

（一）组织领导

泰兴市政府成立了以市长为组长、市有关部门及各乡镇人民政府主要负责人为成员的领导小组，建立了各乡镇行政一把手负总责的责任体系，将畜禽粪污资源化利用项目列为2018年“三重一大”重点项目进行管理；市人民代表大会将粪污资源化利用列为“民生十件实事”之一；检察部门将粪污治理工作列入公益性诉讼范畴；将畜禽粪污治理列为乡镇考核内容，强化行政推动。同时，将生态市建设、畜牧业绿色发展示范县创建、畜禽粪污资源化利用项目、“263”专项行动统筹安排，相互促进，综合推进。

（二）管理原则

1.“整县推进”原则　统筹规划全市畜禽粪污资源化利用，既考虑规模养殖场，又兼顾小散养密集区，通过机制创新和政策创设，探索整市推进畜禽粪便资源化利用的有效模式，打通农牧结合、种养循环通道，构筑全市大循环。全市所有养殖场（户）和养殖密集区均列入项目实施范畴，存栏每头猪蓄粪池（田间调节池）0.4～0.6米^3。

2.“多元利用”原则　根据不同区域、动物品种、规模，以肥料化利用为基础，探索多元化资源化利用方式，提高综合利益效益。

3.“畜地平衡、种养结合”原则　根据各乡镇土地承载力，确定养殖规模和粪污资源化利用方向，并且做到每存栏1头猪当量配套0.2亩农田。

4.“一场一策”原则　根据不同品种、养殖数量、区域条件，因地制宜，填平补齐，针对每个养殖场制定实施方案，建设粪污处理设施。通过行政推动，所有养殖场饲养畜禽必须自行进行粪污治理。

5.“市场运作”原则　通过财政资金引导，完善激励政策措施，实行市场化运作，鼓励和引导社会资本投入，加快培育发展畜禽粪污资源化利用相关产业，建立企业投入为主、政府适当支持、社会资本积极参与的可持续运营长效机制。

（三）工作机制

1. 推进整体联动机制 按照泰兴市市政府统一部署，强化服务意识，明确职责任务，整体联动，密切配合，确保畜禽粪污资源化利用工作正常有序开展。畜禽养殖污染治理领导小组办公室负责综合治理日常工作和组织指导、沟通协调等。各乡、镇（街道）坚持属地管理原则，按项目实施方案制订有序的工作计划，积极组织推进，提供资金保障，加强村（居）设施和养殖场建设质量安全管理，落实粪污资源化利用的长效管理措施等。各村落实养殖场（户）自建与养殖规模相匹配的蓄粪池并自备粪污输送设备，进行大田调节池规划和建设，认真落实畜禽粪污资源化利用措施和方法；积极培育社会化服务组织或经纪人，实现市场化运作。

2. 整合多方相关资金，建立奖励机制 为扎实推进畜禽粪污资源化利用试点县项目实施，泰兴市政府按实施方案足额及时配套财政资金 859 万元，同时统筹 2018 年生猪调出大县奖励资金 411 万元，采取“先建后补”的形式，支持各类主体建设畜禽粪污处理利用设施。同时，政府采取“以奖促治、先建后补、打包下拨”的形式，每年安排1 000万元对非规模畜禽养殖密集区（村）的田间调节池建设、运粪车等治污设备采购给予补助，安排 300 万元对施用粪肥、运粪组织给予补助，安排 600 万元对关闭的养殖场进行奖补，对非规模养殖密集村使用田间调节池粪污的农田补助 15 元/亩，对村级服务组织每年给予 2 万元的运营补助。市财政对项目资金和市政府配套资金实行严格管理，根据项目资金管理规定，监督项目资金使用，按要求及时拨付项目资金。

3. 建立粪污资源化利用考核激励机制 泰兴市政府将畜禽粪污资源化利用工作列入农村生态环境建设考核重要内容之一，对畜禽养殖粪污资源化利用工作进行考核验收，并根据考核结果进行奖励。对畜禽养殖粪污资源化利用不力、生态破坏严重、群众反映强烈的乡、镇（街道）进行通报批评，并根据《党政领导干部生态环境损害责任追究办法（试行）》对有关党政负责人进行追究。同时将畜禽养殖污染治理利用工作纳入全市效能考核、绩效考核和差别化考核，市“263”办公室每月向市主要领导汇报全市情况，对未按时序进度完成治理任务的乡镇或规模场予以问责或实行经济处罚。

三、推进措施

突出生态优先，保障产业发展。坚持堵疏并举，生产、生活、生态协调发展的原则，结合养殖场实际探索 4 种推进措施。

（一）规模养殖场的粪污资源化利用

一是中小规模场采用“蓄粪池（沼气池）＋田间调节池＋大田利用”的模式。泰兴市对中小规模养殖场资源化利用遵循“填平补齐、大田利用”的原则，每个场（户）根据现有养殖规模，按照每上市 1 头猪配备 0.5 米^{3}蓄粪池的标准增建或新建粪污处理设施，粪污通过粪污输送管道和运粪车输送到田间调节池备用。全市 578 户中小规模养殖场（户）新建蓄粪池（田间调节池）21.728 1 万米^3，沼气池（主要为黑膜沼气）5.715 1 万米^3，氧化塘 5.376 6 万米^3，堆粪棚或阳光棚 3.570 5 万米^2，粪污输送管道 1 万米。二是大型养殖场

（户）采取养殖场自行因场制宜实行“一场一策”的综合资源化利用模式。大型规模场通过建设蓄粪池、沼气池、氧化塘、粪污输送管道、沼气发电系统、异位发酵床、有机肥厂、污水处理厂等方式进行粪污治理，最终为农田消纳利用。77 个大型规模养殖场共新建粪污贮存设施 76.11 万米^3，其中蓄粪池 9 万米^3，沼气池 36.06 万米^3，氧化塘 31.35 万米^3，粪污输送管道 5.7 万米，改造 28 套履带式清鸡粪设备，建成合计日处理粪污 120 吨异位发酵床粪污处理设施 2 座；改造奶牛发酵床 1 550 米^2；改造畜禽舍漏粪地板 5.707 3 万米^2，新建污水工业化处理厂 6 座，新建有机肥厂 6 个，年生产能力为 3.6 万吨。

（二）规模以下养殖场（户）密集村的粪污资源化利用

一是粪污设施政府出资，市场化运营。通过农牧结合、以畜定池的方式，由政府出资定量定性定位建设田间调节池，采购运排粪污的配套设备，村成立社会化服务组织进行运营，实行有偿服务，市场化运作。认真调查摸底，科学筛选出 22 个非规模和小规模养殖密集村。由乡镇负责田间调节池工程招标和警示牌采购，乡镇按照统一图纸在乡镇交易平台公开进行田间调节池工程招标，落实施工单位（施工单位应具备建筑工程三级以上资质）和监理单位，按统一格式在乡镇交易平台公开进行标识牌采购，落实供货单位，落实招标事项和监督责任。以市为单位采购运粪车。对已经实施到位的村级运行组织召开推进会，加强调节池管理和运作，对建成的调节池以村（居）为单位实施编号管理，并规划分配落实好使用和管理调节池的养殖户。二是采用“户用蓄粪池＋田间调节池＋大田利用”的畜禽粪污资源化利用模式。泰兴市确定了“分户收集、集中处理、资源化利用”的畜禽粪污治理原则，采用“户用蓄粪池＋田间调节池＋大田利用”的畜禽粪污资源化利用模式，两年共计建设建成 50 米^3 田间调节池 737 座，树立田间警示牌 737 块，2017 年配发 1.6 吨收集、输送、施肥一体化运粪车 15 辆，2018 年配发 3 吨一体化运粪车 13 辆，实现全市所有存栏 3 000 头猪当量以上的非规模养殖密集村粪污资源化利用全覆盖。

（三）规模以下养殖场（户）资源化利用

泰兴市以开展农村环境“五大专项整治”百日行动为契机，对庄台内规模以下养殖场（户）畜禽舍登记造册，引导规模以下养殖场（户）逐步“退出庭院、退出村庄”，指导其实行封闭式饲养管理，配套建设户用蓄粪池等粪污处理设施，就近还田利用，基本制止了畜禽粪污“露天、直排”的现象，粪污资源化利用率达到 90%以上。

（四）农牧结合种养平衡措施

1. 出台政策力推“种养结合”模式 一是对养殖场建设粪污处理设施所用土地，可通过申请设施农业用地取得粪污设施建设土地。二是政府对规模以下养殖场（户）密集村使用田间调节池粪肥的农田补助 15 元/亩。三是制定切实可行的规划，积极推进种养结合模式。泰兴市按照“因地制宜、畜地平衡、注重环保”的原则，制定下发了《泰兴市畜禽养殖布局调整优化方案》，以土地消纳为标准确定各乡镇养殖规模，鼓励规模养殖场租赁农田或与种植大户、家庭农场、农户对接消纳处理后的畜禽粪污，全市养殖场租赁、签订协议等配套农田30多万亩，有效地解决了畜禽粪污处理利用的“最后一公里*”问题。在消纳方面，要求养殖场存栏1头猪当量至少按0.2亩农田消纳配套，全市共配套农田近30万亩。

2. 培育粪污运行市场组织 泰兴市积极培育社会化服务组织，30个非规模密集村都建立各自社会化服务组织，服务组织与养殖场（户）签订粪污清运合同，收取养殖场（户）粪污清运费（每车20～40元），负责将养殖场（户）蓄粪池内粪污运输至田间调节池，服务费每月结清。同时，服务组织为种植户提供施肥服务，按35元/亩收费，另外市政府补贴每亩15元。通过建立社会化粪污服务组织，解决粪污运送难题，加快推动种养结合，从而实现粪污变废为宝。

3. 依托江苏省农业科学院开展科学施肥试验 为科学施肥，依托省农业科学院，开展稻麦、韭菜、萝卜农田应用测产试验，沼液在稻麦农田应用，水稻年均亩产量623千克（原590千克），小麦年均亩产量392千克（原360千克），水稻产量实现了平均增产5.59%，小麦平均增产8.89%。按稻谷0.68元/千克、小麦0.59元/千克计算，水稻每亩增加产值89.76元，轮作小麦每亩增加产值75.52元，合计增加经济效益165.28元/亩。果树亩产量1 500千克（原1 400千克），平均增产7.14%，增加产值1 400元/亩。

四、实施成效

（一）目标完成情况

1. 非规模养殖密集村实施情况 共有30个非规模养殖密集村（居）参与实施，建成调节池1 122个，购置运粪车辆及相关配套设备61台（套）。

2. 规模养殖场实施情况 遴选679家规模养殖场为项目实施主体，建设总投资1.8亿元。已建成粪污处理设施111.32万米^3，其中蓄粪池35.68万米^3、沼气池40.9万米^3、氧化塘31.89万米^3、田间调节池2.84万米^3；粪污输送管道6.15万米；有机肥厂6家；日处理粪污120吨的异位发酵床2座；奶牛发酵床1 550米^2；改造履带式清鸡粪设备21套；购置相关设备383台（套）；配套农田近30万亩。

3. 规模以下养殖场（户）实施情况 开展农村环境“五大专项整治”百日行动，引导规模以下养殖场（户）实行封闭式饲养管理，2018年配套建设户用粪污处理设施，基本制止了畜禽粪污“露天、直排”的现象。

泰兴全市规模场配套率100%，规模养殖场治理率99.2%，畜禽粪污综合利用率97.18%。

（二）工作亮点

1. 创新非规模养殖密集村粪污治理模式，实现绿色发展全覆盖 以“一个不少”为目标，切实推进粪污资源化利用全覆盖。在支持规模养殖场建设粪污利用设施的同时，针对正常存栏3 000头猪当量的非规模密集村的畜禽养殖污染治理工作，采用“户用蓄粪池＋田间调节池＋大田利用”的模式进行集中治理。共在30个非规模养殖密集村建成调节池，购置

* 公里为我国非法定计量单位，1公里＝1千米。——编者注

运粪车辆及相关配套设备61台（套）；每个调节池可蓄粪50米^3，蓄粪周期为3个月，每个调节池供50亩稻麦换茬及生长期施肥。养殖户产生的粪污由村服务组织统一运送至调节池；并向农户及种植大户提供施肥服务，全年每亩50元。

2. 创新工作举措，推进畜牧业绿色发展 一是抓好产业布局规划。制定泰兴市畜牧业发展规划（2017—2020年），优化畜禽养殖区域布局，打造畜牧业与种植业“相和相谐”的生态田园乡村。二是抓好政策扶持保障。加大财政扶持力度，通过以奖代补，形成畜牧业绿色发展的政策导向，针对非规模养殖密集村治理的难点难题，构建“政府建利用设施、合作组织管运行、农户养畜”的建设经营机制。三是抓好标准规范养殖。深入开展生态健康养殖示范创建，养殖粪污从源头上实行“干湿分离、雨污分流”，处理上推广农牧结合技术，100%实现资源化利用。四是依法划定禁养区。对禁养区养殖场（户）实行关停转迁，并建立严格的养殖户准入退出机制，确保生态养殖水平和种养结合质量。

3. 创新工作方法，实施网络监管 总结摸索出“一二三四五六”工作模式。一是明确一个责任。明确乡镇畜牧兽医人员必须认真履行“畜禽粪污治理技术指导与服务”这一职责，坚决做到既不越位、也不错位。二是确定两个标准。泰兴市衡量畜禽粪污堆积排放的标准是“两不”：不破坏水源水体，不影响居民生活。三是围绕三个工作重点。即养殖规模场（户）、粪污直排户、信访举报户。四是做到“四无两分离”。即畜禽粪污无乱抛、无渗漏、无露天、无直排，干湿分离、雨污分流。五是采取五种治理技术路线。因场制宜，针对散养户、小型户、中等场（户）、大型场（户）、其他场（户）等五种类型采取不同的治理方法。六是做好六个方面的软件资料。即一幅全镇治理规划图，一张治理进度表，一封致养殖户的公开信，一张技术交办单，一份养殖场（户）的花名册，每场（户）在醒目位置设置一个监督牌。实行“行政监管网格”“技术服务网格”双线管理，全面推进项目责任制管理网格化和责任清单化，层层明确职责，精准分解任务；在全市建立形成横向到边、纵向到底，全覆盖、无死角地落实粪污资源化利用工作责任制网格化管理体系，及时解决实施存在的问题，确保了项目实施进度。

（三）效益分析

1. 经济效益 2018年，使用发酵有机肥和沼渣肥，稻麦两季节约商品肥料成本70元/亩；减少喷施农药1次，节约12元/亩；增产20千克/亩，增效40元/亩。一亩田用粪肥可节约和增效122元，全市16万亩总计年收益约1 952万元。粪污通过沼气发电机组年发电量，自发自用，余量上网，年收益约3 000万元。全市通过有机肥、沼液肥田及沼气发电，可增加经济效益为4 952万元。

2. 社会、生态效益 一是改善生态环境。通过资源化利用，养殖场对畜禽养殖粪污实现了对外零排放、零污染。改进规模养殖场（户）粪污处理方式，如水泡粪、干清粪，使畜禽粪污产生总量减少。实施非规模畜禽养殖密集村（居）集中整治和规模养殖场治理改造，堆积发酵、熟化、沼气发电等，减少了畜禽粪便露天堆放和直接排放，粪污对周边环境的影响大幅降低，当地生态环境持续改善，农村人居环境得到大幅改善，群众满意度提高，畜禽养殖污染信访、上访事件大幅减少。二是实现粪污“变废为宝”。通过畜禽粪便还田，有机替代无机，施用畜禽粪肥，田块每亩每年可节约化肥30千克左右，降低了种植业生产成本，减少了有害物质积累，改良了土壤结构，有利于改善农产品口感，提高农产品品质。三是产业发展质态提升。提高了养殖场（户）的环保意识、自律意识，促使广大养殖场（户）转变生产理念，改进生产方式，增加设施投入，提高畜禽粪污综合利用率，美化养殖环境，减少畜禽发病率，提高养殖水平，促进了全市畜牧业健康发展。推广畜禽粪污资源化利用工作实施，畜禽养殖户广泛采用经济适用的农牧循环生产、畜禽粪便综合利用模式，现有656家畜禽养殖场通过环保部门粪污治理验收。

浙江省杭州市萧山区

一、概况

（一）县域基本情况

1. 区域自然条件 浙江省杭州市萧山区位于浙江省北部，钱塘江南岸，为杭州市属区，下辖14个街道、12个镇。位于北纬29°50′54″—30°23′47″，东经120°04′22″—120°43′46″，总面积1 420千米^2，耕地面积50 624.52公顷（含杭州市钱塘新区部分范围）。全境东西宽约57.2千米，南北长约59.4千米。地势南高北低，南部为低山丘陵地区，间有小块河谷平原；中部和北部为平原，中部间有丘陵。平原约909千米^2、占66%，山地占17%，水面占17%。海拔最高744米，最低10米。山体基本呈西南至东北方向展布。萧山区地处亚热带季风气候区南缘，总的气候特征为冬夏长，春秋短，四季分明；光照充足，雨量充沛，温暖湿润。萧绍平原河网地带，河网纵横，水量靠钱塘江补给，主要河流和湖泊有萧绍运河、西小江、南门江、湘湖、白马湖等。

2. 经济社会发展状况 萧山区拥有8 000年文明史、2 000年建县史，是越文化的中心地带和新时代浙江精神的发源地之一。2018年全区总户籍人口123.57万人，其中非农业人口52.52万人。改革开放以来，萧山区经济和社会取得长足发展，是浙江省的首批小康县（市）。萧山区国内生产总值、工业总产值等主要经济指标实绩居浙江省县（市、区）级前列，其中制造业发达，以机械、化工、纺织、印染等为支柱产业。2018年，全区实现地区生产总值1 802.08亿元，比上年增长5.7%；其中第一产业增加值53.52亿元，第二产业增加值726.64亿元，第三产业增加值1 021.92亿元，分别增长1.2%、2.6%和8.5%；三次产业结构比例为3.0∶40.3∶56.7。按户籍人口计算，萧山区人均地区生产总值156 308元。

3. 财政状况 2018年全年完成财政总收入393.79亿元，比上年增长23.8%，其中一般公共预算收入230.01亿元，增长22.3%。公共财政预算支出231.21亿元，增长12.1%，其中用于民生支出189.08亿元，增长18.3%，占公共财政预算支出的81.8%，比上年提高4.3个百分点；城乡社区支出、文化体育与传媒和教育等民生项目支出分别增长91.7%、41.8%和25.0%。

（二）养殖业生产概况

1. 畜牧养殖和产业发展 萧山区是浙江省农业强区、国家生猪调出大县，畜禽养殖以生猪为主。2018年萧山区（包含杭州钱塘新区“飞地”，下同）按可比价格计算畜牧产值16.39亿元，占农业总产值的18.48%。截至2018年年底，全区共有16家生猪保种场，生猪总存栏 48.61 万头，全年出栏生猪 73.71 万头；奶牛养殖场 2 家，存栏 2 383 头；羊存栏 6.44 万只，出栏 9.26 万只；全区家禽（不含特禽）存栏 73.6 万只，其中肉禽 56.41 万只，蛋禽 17.19 万只，全年共出栏 220.6 万只。现有种畜禽场 6 家，其中种禽场 3 家，种羊、种蜂、种鹿场各 1 家。畜牧养殖规模化比重高，总体规模化水平为 94.69%，其中作为粪污主要来源的生猪和奶牛规模化水平已达到 100%。

2. 主要畜禽产业分布 畜类（包括猪、奶牛、湖羊等）主要布局在东片围垦，以规模养殖为主。禽类（包括鸡、鸭等）主要布局在南片镇、街道，以散养为主。其中，农（渔）牧结合型的鸭养殖占有较大比重，鸡养殖以林下放养为主。

3. 畜禽粪污产量测算 根据生态环境部推荐的畜禽日排泄系数估算系数进行估算（表 1）。

表 1 畜禽粪便排泄系数

项目	单位	牛	猪	羊	鸡	鸭
粪	千克/天	20.0	2.0	2.6	0.12	0.13
	千克/年	7 300.0	398.0	950	25.2	27.3
尿	千克/天	10.0	3.3	—	—	—
	千克/年	3 650.0	656.7	—	—	—
饲养周期	天	365	199	365	210	210

根据 2018 年存出栏情况，畜禽养殖产生粪尿总量为 152.19 万吨，其中粪便总量为 70.99 万吨，尿量 81.2 万吨，生猪粪尿占比 84.77%，是最主要来源。具体详见表 2。

表 2 2018 年度萧山区畜禽养殖粪尿总量统计

畜种	存栏	出栏	养殖量	排粪量（万吨）	排尿量（万吨）	粪尿总量（万吨）
生猪	48.61（万头）	73.71（万头）	122.32（万头）	48.68	80.33	129.01
牛	0.238 3（万只）	—	0.238 3（万只）	0.17	0.87	1.04
羊	6.44（万只）	9.26（万只）	15.7（万只）	14.92	—	14.92
鸡	34.1（万只）	65.9（万只）	100（万只）	2.52	—	2.52
鸭	56.04（万只）	116.1（万只）	172.14（万只）	4.70	—	4.7
		合计		70.99	81.20	152.19

（三）种植业生产概况

1. 农用地规模 全区农用地规模 93 272.64 公顷，占全区土地利用结构 65.95%。其中，耕地55 941.96公顷，占比 39.56%；园地2 392.84公顷，占比 1.69%；林地23 663.86公顷，占比 16.73%；其他农用地11 273.98公顷，占比 7.97%。

2. 种植业生产情况 2018 年，萧山区实现种植业总产值 57.05 亿元，占农业总产值的 65.07%，比上年增加 2.97 个百分点。种植业以花卉苗木、蔬菜种植为特色，其中蔬菜产值 23.6 亿元、花卉苗木产值 25.47 亿元、茶叶水果产值 4.39 亿元、粮食作物产值 2.37 亿元，分别占种植业产值的41.37%、44.65%、7.69%和4.16%。

3. 县域土地承载力测算情况 因萧山区规模畜禽养殖场污水主要采用工业化处理后纳管，粪便主要采取有机肥加工外运方式，绝大部分粪污不直接还田利用，所以不计算县域土地承载力。

二、总体设计

（一）组织领导

萧山区将畜禽粪污治理统一纳入“五水共治”工作。2014年开始，区里成立“五水共治”工作领导小组，由区主要领导担任组长，分管副区长担任畜禽水产养殖污染治理组组长，成员包括农业农村、生态环境、发展与改革等多部门。为做好畜禽粪污资源化利用具体工作，2018年，区农业局成立了局畜禽粪污资源化利用工作领导小组，协调推进整县制项目建设工作。2018年11月，萧山区组织各镇、街道农业干部和保留规模畜禽养殖场负责人召开畜禽粪污资源化利用项目专题培训，集中培训粪污资源化利用整县制推进项目政策要点与实施办法。

（二）规划布局

萧山区先后编制了《生态畜牧业发展建议意见》《农牧对接畜禽养殖废弃物资源化利用实施方案》《畜禽养殖废弃物高水平资源化利用工作方案》，因地制宜提出了生态养殖的典型模式，明确了全区畜牧粪污资源化利用的工作目标、主要任务和保障措施等。

（三）管理原则

统筹考虑种养布局、资源环境承载力等要求，萧山区坚持政府支持、企业主体、市场化运作的方针，坚持源头减量、过程控制、末端利用的机制，以提高畜禽粪污综合利用率、消除面源污染、提高土地肥力为目标，以工农互补、种养结合、综合利用为主线，通过加大对规模养殖场、粪污处理第三方机构等的粪污综合利用设施改造，提升各节点的处理加工能力，支持污水集中纳管处理，大力推广有机肥加工、沼气利用等资源化利用方式，实现全区畜禽粪污资源化利用整县推进的目标。具体管理原则为：

1. 源头控制，一场一策 加强作为粪污源头的规模养殖场标准化改造，管好存量。结合每个养殖场实际，指导制定有针对性的畜禽粪污综合治理方案。

2. 突出重点，分类建设 重点抓好规模养殖场为源头节点的粪污综合治理和利用，按照不同畜禽品种、饲养规模和分布地域，分类探索粪污综合治理方式方法，科学确定资源化利用的综合治理模式。

3. 政府引导，企业主体 采取以奖促治、以奖代补等形式，进一步加大投入力度，扶持规模养殖场和第三方单位开展粪污资源化利用，鼓励社会资本参与粪污资源化利用。

4. 工农互补，种养结合 适应环保新常态，积极引导畜禽养殖场和周围工农产业建立紧密结合、互惠互利的生产方式，打通畜禽粪污肥料化等资源化利用通道，努力促进区域内种养结合和资源循环利用。

（四）工作机制

1. 强化监管考核 2014年开始，萧山区成立区“五水共治”工作领导小组，协调推进水环境治理，将畜禽养殖环境整治、粪污资源化利用纳入“五水共治”及对镇、街道和主管部门的目标管理考核内容。区里每月上报水环境治理进度动态，并定期开展检查和督察通报。

2. 加强宣贯引导 2018年以来，萧山区开展政策专题培训2次，宣传引导规模养殖企业加大对污水深度处理系统、除臭设备、粪污收集处理设施的更新升级，并在相关媒体上多次发布信息与报道。区养猪行业协会还组织会员单位，赴多个粪污处理生产厂家实地考察调研，采购相应设备。

3. 制定实施方案 萧山区严格对照上级绩效目标，以召开座谈、实地查勘等方式，在完整性、相关性、适当性、可行性等方面组织调查研究，全面总结在建或计划兴建的区内畜禽粪污处理设施内容状况，根据全区生态循环农业与资源化利用相关规划文件编制，作为推进畜禽粪污资源化利用整县利用的“路线图”，方案详细阐明了项目背景、总体思路与实施目标、主要建设内容、投资估算和资金筹措、土地规划与环评意见、组织管理与保障措施、效益分析等。

4. 统筹项目支持 2018年起，萧山区争取中央财政整县制专项资金3 500万元，并利用生猪调出大县项目节余资金800万元，共同支持畜禽养殖废弃物资源化利用。区财政对项目按投资额的一定比例补助，其中，规模养殖场按40%补助，粪污资源化利用第三方主体补助50%。除养殖环节外，萧山区还利用调出大县资金，加大对生猪屠宰场的粪污资源化利用支持力度，按投入金额的50%予以补助。在建设内容不重复的前提下，养猪场还可以同时申报整县制和调出大县项目。项目建设预计可带动全区粪污资源化利用相关投资8 000万元以上。

5. 出台配套政策 近年来，萧山区利用财政资金，以项目支持、财政补贴等方式，支持鼓励畜禽养殖场（户）提升畜禽粪污资源化处理能力，带动实施主体开展粪污设施建设或有机肥生产，取得了一定的成效。2017年，萧山区印发《剿灭劣Ⅴ类水行动方案》，实施了包括推进化肥农药减量增效等方面的农业农村面源治理工程。2018年，全区推广应用商品有机肥4.02万吨，应用面积5.83万亩，其中列入商品有机肥政府补贴肥料19 591吨，涉及22个镇（街、场）的11个种植大户，使用面积2.67万亩。2018年，全区共拨付区级补贴资金403.98万元，推广地产商品有机肥19 591吨，其中省级扶持商品有机肥资金183.75万元，区级扶持商品有机肥补贴资金220.23万元。在落实农机购置补贴方面，印发了《2018—2020年农机购置补贴实施方案》，将固液分离机等多项畜禽粪污资源化利用设备纳入清单。2018年，全区共落实农机补贴439.74万元，受理农户260户。

三、推进措施

萧山区畜禽粪污资源化利用整县制推进项目建设总投资8 350万元，项目承担主体为

18 家，包括 15 家规模畜禽养殖场和 3 家畜禽粪污资源化利用第三方主体，规模养殖场粪污处理利用提升投资 6 666 万元，畜禽粪污资源化利用第三方主体改造提升 1 684 万元。项目申请中央财政资金 3 500 万元，主体自筹资金 4 850 万元。

萧山区严格依据实施方案使用项目资金，一是支持第三方处理主体粪污收集、贮存、处理、利用设施建设；二是支持规模养殖场特别是中小规模养殖场改进节水养殖工艺和设备，建设粪污资源化利用配套设施或委托第三方进行处理。

作为项目牵头实施单位，萧山区农业农村局严格项目资金管理工作，一开始即实行项目储备管理制度。申报入库时严格按照镇街推荐上报、业务科室踏勘、联席会议预审、业务部门意见征求、局党委审定、网上公示等程序，纳入项目储备库管理。项目管理程序规范、手续完备。同时，还为规范项目建设与验收，制定了相关管理办法。

由于萧山区畜禽养殖规模化程度高，经济实力相对雄厚，自行出资提升养殖粪污的处理意识强、积极性高，多数粪污处理项目在任务下达前就已先行开工建设。以 2018 年先行启动的建设项目为例，区内企业自筹资金为 4 850 万元，占总投资的 58%。

（一）规模养殖场

规模养殖场是项目建设的主要内容，包括年出栏生猪 5 000 头以上的生猪养殖场11 家，存栏 1 000 头以上的奶牛养殖场 2 家，存栏 3 万只以上的家禽养殖场 1 家。

1. 纳管单位 全区大部分的养殖场采用“工业化处理＋生态消纳＋集中纳管”的模式。养殖场在干清粪方式下，粪便一经产生便由铲车收集，集中储存在集粪棚，干湿分离后集中堆在堆粪棚，委托有机肥厂制造有机肥，用于农田利用。部分采用水泡粪方式的猪场，液体粪污还可用于沼气发电。养殖场污水经厌氧、好氧、深度处理等方式的工业化处理，满足三级污水排放标准后，全部接入杭州萧山临江污水处理厂。该处理厂位于萧山区外 15 工段，日污水处理能力超过 30 万吨，出水水质达到《城镇污水处理厂污染物排放标准》一级 A 标准（图 1、图 2）。各养殖场均安装污水在线监测设备，受当地生态环境部门实时监管。养殖场项目的建设内容：一是粪污处理利用设施改造升级，建设储粪场、污水贮存池等粪便贮存设施，建设厌氧发酵池、氧化塘、污水深度处理、堆肥发酵等设施；二是粪污处理配套设施改造升级，购置粪污处理利用相关的场区养殖设施设备，以及提升养殖标准化水平的配套设施设备建设，重点改进节水设备，建设雨污分流、暗沟布设的污水收集系统和漏缝地板、自动刮粪板等清粪设施，配备固液分离机等设备。

图 1　规模养殖场污水工业化处理设施

图 2　污水排放公示牌

2. 非纳管单位

（1）杭州海良种畜禽养殖有限公司 杭州海良种畜禽养殖有限公司位于萧山区南阳街道5.2万亩垦区，占地45亩，建筑面积8 660米^2。公司常年饲养优质广西快麻、墟岗黄优质土鸡等系列，存栏种鸡32 000只，年孵化苗鸡200万只。公司采用种养结合、循环利用的零排放模式，固体粪污经发酵后制作有机肥用于种植，养殖污水经生化处理后用于场内外苗木地灌溉。

（2）杭州萧山富伦奶牛场 杭州萧山富伦奶牛场位于萧山区围垦52 000，占地面积100亩，存栏奶牛1 266头，年产鲜奶约5 500吨。奶牛场采用干清粪工艺，粪便经产生后由铲车或刮粪板进行收集，将收集的粪便集中储存在牛粪预收集池，一部分由干湿分离机进行干湿分离，将分离后的粪便集中堆在堆粪棚后，委托有机肥厂制造有机肥；另一部分通过管道输送到消纳基地的“基肥堆制池”供基地资源化利用。

（二）第三方处理中心

1. 杭州南坞庄有机肥开发有限公司 杭州南坞庄有机肥开发有限公司位于萧山区义桥镇的杭州庞大农业开发有限公司羊场内。目前羊场拥有湖羊8 000头，基地占地面积100亩。公司地势较高、排水良好，是一家集高档农产品开发、花木种植、生态畜牧、水产品养殖、有机肥生产销售和研发为一体的农业综合性企业。公司现有羊粪发酵和有机肥加工棚面积4 000米^2，有机肥加工、灌装等相应设施设备齐全。羊场的羊粪经自动刮粪板转运至发酵及加工车间，经堆积发酵、翻抛发酵、包装3个步骤制作有机肥，年生产有机肥1万吨。有机肥自供应农业种植市场以来，受到广大用户的欢迎，供不应求，产品远销浙江省内外，如安徽、海南和福建等地，主要施用作物品种包括有机蔬菜、葡萄、蓝莓等。项目主要建设内容包括自动清粪系统工程和有机肥制作车间建设与设备购置。

2. 杭州萧山汇仁复合有机肥料有限公司 杭州萧山汇仁复合有机肥料有限公司位于萧山区南阳街道围垦区，主厂区占地60亩，猪粪预处理车间面积40亩，是一家集有机肥制造、技术研发、咨询服务为一体的农业科技公司。公司每年可处理猪粪10万吨，年产有机肥5万吨，年销售额近2 000万元。公司为杭州萧山江南养殖有限公司配套生产有机肥，生产厂区距离江南养殖各粪污收集房距离不到1千米，原料运输便利。杭州萧山江南养殖有限公司定期将猪场内猪粪集中运到猪粪预处理车间，公司将鲜猪粪进行预处理后，用堆肥发酵工艺进行有机肥生产，最后将成品有机肥料进行销售。项目的主要建设内容包括封闭式集粪棚建设和有机肥制作车间提升改造等。为改善有机肥初道发酵环节对环境的影响，有机肥生产单位对厂房完成封闭化改造，同时应用纳米膜好氧发酵堆肥系统。图3为杭州萧山汇仁复合有机肥料有限公司纳米膜发酵车间。

3. 杭州嘉伦农业科技有限公司 公司坐落于萧山区围垦20工段52 000亩北干垦区，目前公司拥有各类建筑用房5 500米^2，拥有农作物种植土地600余亩。公司现拥有多套自动化种植农机机械，交通便捷，水源充足，通风良好，给排水方便，有供电稳定的电源；空间开阔，基础设施良好，具备现代化种植业生产的基础设施和条件。公司基地西侧1千米就是为1 200余头奶牛规模的杭州萧山富伦奶牛场。奶牛场与公司建立合作关系以来，两个厂区之间埋设了管道，牛场产生的粪污经打浆机处理后，以管道输送方式到达公司消纳基地的“基肥堆制池”，可用于水产养殖和奶牛饲草等农作物的灌溉，实现循环利用，不仅提升地力，

图 3　纳米膜覆盖好氧发酵工艺

改善农作物的品质和提高产量，还可以实现清洁生产和农业资源的循环利用，推动生态农业建设的健康发展（图 4）。公司项目的主要建设内容包括防渗漏的储液池和氧化塘提升改造等。

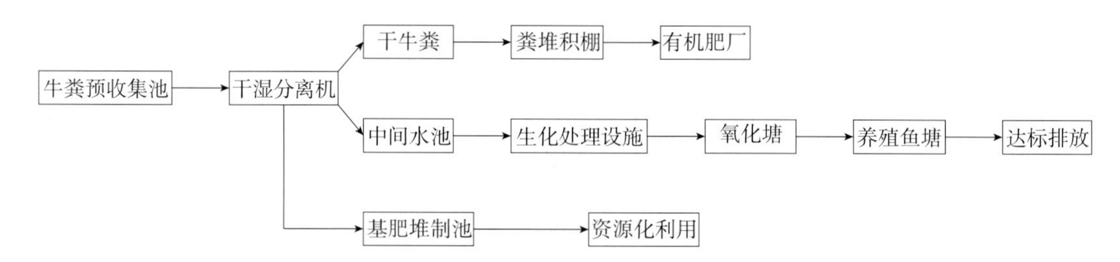

图 4　杭州嘉伦农业科技有限公司农牧循环利用流程

四、实施成效

（一）目标完成情况

截至 2019 年 9 月，根据规模养殖场直联直报信息系统，萧山区畜禽粪污综合利用率为 99.93%，规模养殖场粪污处理设施装备配套率为 100%。

（二）工作亮点

1. 唱好“关治转”三字经，有序推进粪污治理　“关”，自 2013 年起，萧山区实施生猪禁限养、环保整治提升等一系列措施，关停“低小散”，促进畜禽养殖业在环境承载的范围内有序健康发展。“治”，2016 年起，因地制宜采取“工业化治理＋生态消纳”模式构建畜禽粪污治理长效机制，所有保留的规模养猪场和奶牛场均通过环保整治提升验收，随后全面完成截污纳管，污水在线监测接入当地环保平台。“转”，2018 年起整县推进粪污资源化利用，健全制度体系，因场施策，分类实施，对畜禽养殖业完成新一轮升级转型。

2. 东部突出工农互补，南部侧重种养结合　由于萧山区的农业产业布局呈现明显的地域差异，整县推进中充分体现了因地制宜、分类治理的思路。东部围垦平原地带，属于环保重点监管的产业新城，为了适应该要求，萧山区对于全部布局在东部的生猪、奶牛规模养殖，采取“工业化处理＋生态消纳＋纳管排放”的工农互补型粪污资源化利用模式。在完善粪污收集和雨污分离的前提下，经固液分离，污水首先在养殖场内的工业化处理系统中完成深度处理，无缝接入城市污水处理管网实现“间接排放”。这些处理过的养殖污水可作为生化反应的良好碳源，污水处理厂能够完成对更多工业废水的中和反应。生态环境部门还可根据纳管处的实时在线监测系统，对是否达标排放进行严格监管。而粪便及沼渣等经干清粪等方式收集暂存后，集中运输至专业有机肥加工厂，经发酵腐熟后加工成有机肥用于种植业。南部地区以山区和水网为主，畜禽养殖规模小，以渔牧结合、林牧结合等生态消纳方式实现种养结合和综合利用。

3. 高标准设定指标，高起点推进建设 针对萧山区规模养殖比重高，粪污处理基础好的特点，经调查论证，萧山区方案设定目标为在2020年前，实现畜禽粪污综合处理利用率98%以上，规模养殖场粪污处理设施装备配套率100%。截至2019年9月，萧山区已提前完成绩效指标。萧山区以“填平补齐”的方式，坚持高标准定位，高起点建设，以规模养殖场为核心，完善现有粪污收集处理利用体系，确保粪污“聚得拢”；提升有机肥生产加工企业加工能力，保障资源“用得好”，从而系统提高全区畜禽粪污的储运和资源化利用水平。另外，在新型污水深度处理工艺应用、猪舍臭气治理等方面超前投资建设，以适应养殖场所在区域工业化、城市化发展对环保监管的严格需求。

（三）效益分析

1. 经济效益 肥料化、能源化等畜禽粪污资源化利用，解决了养殖场可持续发展的问题；而农田、果园、蔬菜、苗木花卉施用有机肥料，可确保农作物稳产高产、提高农产品品质，提高农产品经济效益。

2. 社会效益 随着粪污资源化利用工作推进，有机肥得到了大力推广使用。萧山区建有有机肥生产企业3家，年生产有机肥能力25万吨以上。2018年，萧山区共推广本地产商品有机肥19 591吨，其中，列入省级扶持商品有机肥12 250吨、区级扶持商品有机肥7 341吨，涉及22个镇（街、场）的11个种植大户，使用面积2.67万亩，减少了农药、化肥使用量，保证了农产品的质量和安全，社会效益显著。

3. 生态效益 萧山区将畜禽粪便制造成有机肥，实现了粪污资源化利用，有效防止了农业面源污染。同时，该区按照设施设备完善、绿色生产、有效落实生态消纳地等要求，建成农牧对接绿色循环体6家。

浙江省龙游县

一、概况

（一）县域基本情况

龙游县隶属于衢州市，地处金衢盆地中部，是浙西城市群、浙中城市群和杭州都市圈的交汇点，总面积 1 143.33 千米^2。龙游下辖 6 镇 7 乡 2 街道，户籍总人口数为 40.39 万人，人口规模相对稳定。龙游县是浙江省传统农业大县，粮食、毛竹、生猪、柑橘和茶叶等是龙游的支柱产业，先后获得“中国竹子之乡”“国家级生态示范区”“浙江省特色农业优势产业畜牧强县”等称号。2018 年，龙游地区生产总值（GDP）241.98 亿元，实现财政总收入 27.5 亿元，三次产业结构比为 5.0∶44.4∶50.6，居民人均可支配收入 44 246 元，农村常住居民年人均可支配收入 22 636 元。龙游县产业特色鲜明，造纸、装备制造、纺织服装三大支柱产业 2018 年实现产值 175.7 亿元，占全县规模企业总产值的 56.8%；尤其是造纸业，占比达到 31.1%，获“全省特种纸产业基地和全国特种纸产业基地”称号。

（二）养殖业生产概况

1. 全县畜禽生产情况 龙游县是浙江省畜牧强县，全国生猪调出大县，2018 年畜牧业产值 11.1 亿元，占农业总产值的 48%。现有国家级标准化示范场 3 家，种畜禽场 9 家，省级畜禽遗传资源保护品种 2 个。据统计，全县共有规模畜禽养殖场1 293家，其中年出栏 50 头以上规模猪场 465 家，2018 年年末生猪存栏 39.85 万头、出栏 75.12 万头；年出栏 10 头以上的规模牛场 28 家，出栏 0.09 万头；年出栏 100 头以上的规模羊场 12 家，出栏 0.54 万头；年出栏2 000只以上的规模肉鸡场 497 家，出栏1 578.21万只；年出栏2 000只以上的规模肉鸭场 148 家，出栏 233.20 万只；存栏 500 只以上的规模蛋鸡场 51 家，存栏 44.94 万只；存栏 500 只以上的规模蛋鸭场 92 家，存栏 14.87 万只。龙游县规模以下养殖户3 359户，其中猪场（供精站）3 家，存栏公猪 0.012 万头；肉牛 372 户，出栏 0.09 万头；羊 170 户，出栏总量 0.24 万只；肉鸡 467 户，出栏 1.84 万只；蛋鸡 116 户，存栏 0.96 万只；肉鸭2 115户，出栏 3.88 万只；蛋鸭 116 户，存栏 1.23 万只。

2. 畜禽粪污产量测算 根据 2018 年龙游县主要畜禽养殖存栏量测算，产生粪污总量约为 97.09 万吨。其中，生猪年粪污量约 77.09 万吨，肉牛年粪污量约 5.15 万吨，肉鸡年粪污量约 8.67 万吨，蛋鸡年粪污量约 2.02 万吨，肉鸭年粪污量约 3.43 万吨，蛋鸭年粪污量约 0.73 万吨。

（三）种植业生产概况

龙游县耕地面积 48.56 万亩，园地面积 8.74 万亩，林地面积 82.05 万亩，粮食作物播种面积 38.3 万亩，茶园总面积达到 2.35 万亩，果园总面积为 4.96 万亩。畜禽规模养殖场用于粪污治理的配套消纳土地面积达 5 万亩，主要以牧草、果园、茶叶、毛竹、农田等为主。全县商品有机肥产量 2.9 万吨/年，主要用于蔬菜、果树等产值较高的经济作物。全县具有一定规模的有机肥生产企业 4 家，猪粪、鸭粪、茶叶渣等农业废弃物处理能力为 21 万余吨。全县畜禽粪污资源化利用率达 98%。

二、总体设计

（一）组织领导

龙游县成立由县政府分管领导担任组长、各职能部门负责人为成员的畜禽粪污资源化利用项目领导小组，对该工作进行统筹调度、统一指挥。领导小组下设办公室，办公室设在县农业农村局，由局长兼任办公室主任，负责组织项目的日常推进。各项目实施单位成立项目实施工作组，负责项目的具体实施。各有关成员单位严格按照要求制定具体的实施方案，明确工作任务，压实工作责任，细化工作要求，确保各项措施落到实处。

（二）规划布局

按照“总量控制、合理布局、生态养殖、资源利用、防治结合、减少污染”的总体要求，合理规划龙游县养殖区域，将饮用水水源保护区、风景名胜区、自然保护区的核心区及缓冲区、城镇居民区等区域划定为禁养区。同时，划定湖镇、小南海、塔石、詹家、模环等 11 个乡镇为养殖重点区域。

（三）工作机制

根据项目实施方案，各有关部门明确分工，各司其职，把加强畜禽粪污资源化利用整县推进工作提上重要议程，认真制定工作细则，构建项目规划、项目管理、项目监督相分离的工作机制，同时相互协调配合，共同推进。按照分类管理、分级管理的原则，对目标任务进行分解，切实加强组织领导，落实政策措施，确保畜禽粪污资源化利用工作推进有力，切实提高全县畜禽粪污资源化利用基础设施建设，实现畜牧业发展的转型升级。

三、推进措施

（一）推进养殖场规模化发展

为规范养殖行为，实现种养平衡，编制了《龙游县“十三五”现代农业发展规划》《龙游县生猪养殖业布局规划》《龙游县生态畜牧业发展规划》等种养循环发展规划，指导畜禽规范化养殖。同时，划定 11 个乡镇（街道）为养殖重点区域，并出台相关的补助标准，对禁养区内的养殖场及宜养区内自愿退出的养殖场予以关停拆除，全面提高县域环境承载能力。通过3年多的集中整治，基本实现了传统“低”“小”“散”养殖模式向现代化集约型养殖模式转型。

（二）开展规模养殖场污染治理

1. 出台政策，规范治理标准 出台《关于深化生猪整规促进转型升级的通知》（县委办〔2016〕49号）、《关于深化推进生猪养殖场污染物治理标准提升工作的意见》（龙整规办〔2016〕9号）等相关政策，对全县畜禽养殖污染治理制定了统一的操作标准，要求原为工业治理的养殖场按照“工业＋生态”的治理标准进行提升治理，按照100米^{2}栏舍不少于1亩旱地或1.5亩水田的标准配套消纳地，通过“工业处理→生态塘净化→消纳地消纳”模式，基本实现了“零污染”、标准排放；要求“生态循环治理”的养殖场将原定的每100米^{2}栏舍至少配套旱地2.5亩提高到3.3亩，进一步提升养殖污水资源化利用率。经过几年的治理，至2017年年底，龙游县保留的468家生猪养殖场全部按照“生态循环”“工业＋生态”“发酵床”等治理模式进行污染治理，治污设施配套率达100%。

2. 联合验收，印发核定证 2017年9月，龙游县全面启动生猪养殖场现场核定工作，县农业局、环境保护局和国土资源局等部门联合制定了《龙游县养殖场现场核定表》，核查内容从设施运行和资源化利用、管理制度、其他规定等3个方面细化成养殖场核查当中的“八项规定”。由环保、农业、国土资源等部门，以及乡镇、晟美公司组成两个核定小组，对全县保留的468家生猪养殖场开展现场核定工作，验收合格的，予以发放《生猪养殖场核定证》。截至2018年年底，全县427家生猪养殖场已验收合格，并获得环境保护、农业、国土资源部门联发的核定证（图1）。

图1 龙游核定证

3. 加强监管，建立长效机制 一是加强第三方监管。按照“政府购服务，企业抓监管”的总体思路，委托第三方公司运用互联网技术，在规模养殖场安装智能电表、液位仪、监控视频等设施，对养殖场治污设施运行和沼液利用情况进行实时预警、监控，确保设施正常运行，沼液利用到位。二是健全线下巡查监管。县生态环境分局、农业农村局等部门不定期对各养殖场治污设施运行情况进行抽查，对发现的问题及时落实整改。各乡镇（街道）严格落实“一场一干部”“一周两巡查”机制，强化对养殖场的日常巡查监管。三是开展沼气清渣工作。设立沼气清渣维护专项经费，要求各乡镇对养殖场的沼气池、储液池等有限空间每年至少开展一次集中清查行动，有效增加治污设施使用年限，提高污水处理能力。

（三）创新生态循环“四大模式”

一是建成“猪粪统一收集、集中处理、沼气发电、有机肥生产、种植业利用”的县域大循环“开启模式”。主要依托浙江开启能源科技有限公司，面向全县规模猪场实行生猪排泄物定期收集、处理，年可收集猪粪18万吨，发电1 600万千瓦·时，生产固体商品有机肥1.6万吨，沼液浓缩肥1.5万吨。二是建成“养殖户省心、种植户得惠、村集体增收”的区域中循环“箬塘模式”。以箬塘村为样板，在半爿月村、童岗坞村完成“箬塘模式”复制，通过种养结合，由村民委员会与养殖场签订沼肥服务协议并收取沼液处理费，组建专业服务队负责沼液输送及管网维护，为种植户免费提供沼液喷滴灌溉服务。该模式覆盖存栏生猪3万头，沼液灌溉面积8 000亩（图2）。三是建成“种养规模匹配、排泄物就地消纳”的主体小循环“吉祥模式”。以家庭农场为单位，按标准配套沼气池、沼液池、氧化塘、消纳地，建成粪污就近消纳循环利用系统，畜禽粪污资源化利用率达100%。

图2 沼液喷灌黑牧草

（四）推进资源化利用项目建设

近年来，龙游县以昌农现代养殖示范园区建设、畜禽粪污资源化利用整县推进、美丽牧场创建等重点项目为抓手，对规模养殖场治污设施进行改造提升，并试点建设畜禽粪污资源化利用推广中心和有机肥加工厂。计划通过项目实施，实现源头环节减量减排、中间环节设施完善、终端环节高效循环，全县畜禽粪污资源化利用率达98%以上，粪污处理利用产业化开发初见成效。

四、实施成效

（一）目标完成情况

1. 资源化利用率达98% 全县畜禽粪污中干粪全部加工成商品有机肥或自制农家肥还田利用，生猪、肉牛养殖污水经沼气工程或无害化处理后用于种植业生态消纳。综合测算，全县畜禽粪污综合利用率达98%。

2. 规模养殖场粪污处理设施配套率达100% 龙游县保留的现有规模牛场已全部完成“干湿分离，雨污分离”清粪工艺改造；全县保留的现有生猪养殖场全部按照“生态循环”“工业＋生态”“发酵床”等模式进行养殖污染治理，规模养殖场粪污处理设施配套率达100%。

（二）工作亮点

一是出台治污设施配套规范性文件。各养殖场严格按照标准配套治污设施，由龙游县督考办牵头，开展养殖污染治理情况集中督查；由该县原农业局、环境保护局和国土资源局等部门联合开展养殖污染治理情况前期初验、后期核定，并印发《生猪养殖场核定证》，载明治理模式，规范养殖行为。二是结合实际，创建多种生态循环模式。第三方监管的“晟美模式”及因地制宜创建的区域中循环“箬塘模式”、主体小循环“吉祥模式”，通过农牧对接、种养结合，有效实现了畜禽粪污资源化利用（图 3、图 4）。三是查漏补缺，提升资源循环利用率。2018 年，龙游县争取中央资金 3 500 万元，按照“源头减量—过程控制—末端利用—技术保障”的总体治理路径，鼓励养殖企业开展粪污处理设施提升改造工程，通过项目建设，使畜禽粪污资源化利用进一步规范化、产业化。

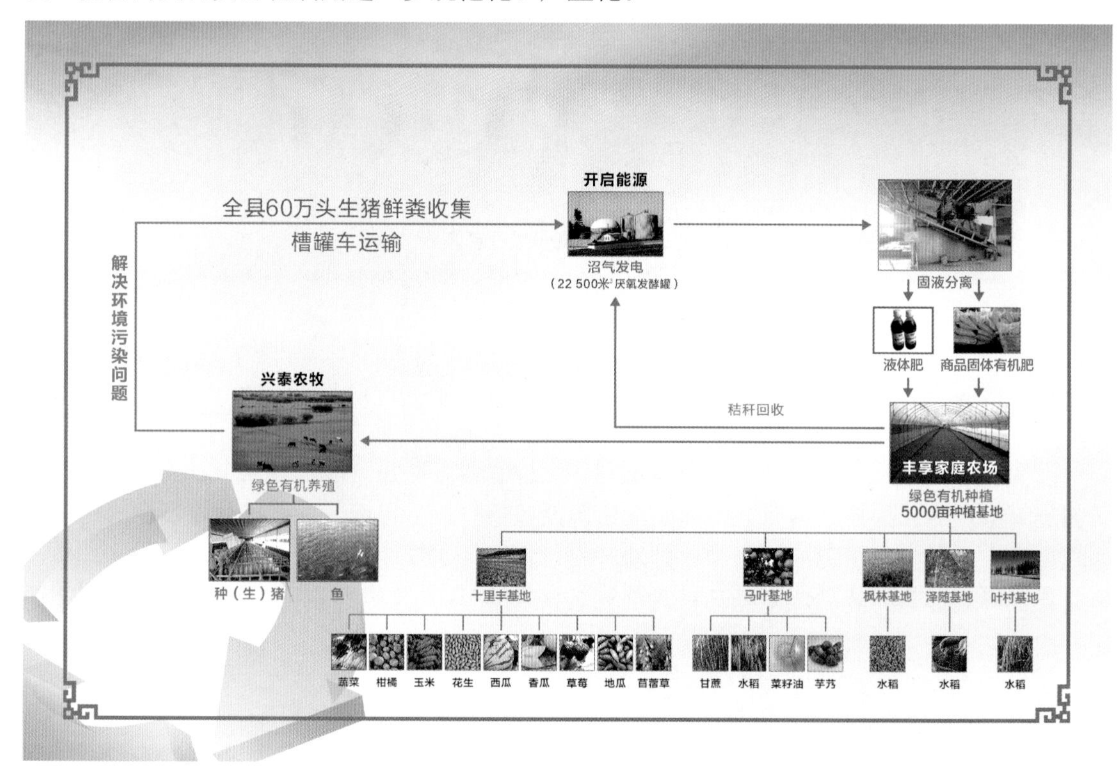

图 3　开启生态大循环模式示意图

图 4　浙江开启能源沼气工程

（三）效益分析

1. 社会效益 一是带动农民就业。龙游县开展畜禽粪污资源化利用工程，为当地农民提供更多的就业岗位，同时还能带动以生猪养殖、有机农产品种植为核心的上下游产业发展，为劳动力提供更多的就业岗位。二是促进畜牧业可持续发展。畜禽粪污资源化利用有助于打通种养业协调发展关键环节，促进循环利用，变废为宝。同时，通过支持养殖场改善废弃物处理利用基础设施条件，鼓励养殖密集区域实行粪污集中处理，有效促进新技术和新模式的推广应用，提高当地养殖业技术水平，促进畜牧业与农村生态建设的协调可持续发展。三是推动产业升级，提高农产品质量。种养结合能减少农药、化肥使用量，在保证农产品丰收的同时，还能保证农产品的质量和安全，并将带动当地蔬菜、粮食产品向绿色、有机、高端方向发展，提升产品档次。四是促进美丽乡村建设。畜禽粪污资源化利用能引导畜牧业由简单粗放向循环高效转型，借粪污资源化利用助推农业现代化发展，改变农村脏乱差的环境现状，让生态畜牧业“点亮”美丽乡村。

2. 经济效益 通过改造漏粪地板、安装刮粪板等节水设施，养殖场可节约用水约50%，同时有效降低治污成本；种养结合，可有效缓解养殖场的治污压力，节约养殖场治污成本，同时种植环节可节约化肥成本约150元/亩，农作物增产增收约100元/亩。

3. 生态效益 一是降低环境污染。畜禽粪污资源化利用，可实现养殖生产节水50%以上，农药施用总量减少20%以上，化肥施用总量减少70%以上，畜禽粪便利用率达98%，有效促进当地从高化肥、高农药的传统种植方式向低耗肥、低污染种植方式转变，减少农业面源污染。二是提升耕地地力。用有机肥替代化肥施用，可以增加土壤有机质含量，疏松土壤，缓解土壤板结，确保农作物稳产高产。三是节约能源。通过畜禽粪污资源化利用，将沼气作为清洁燃料使用，可供养殖场发电、烧锅炉或周边农户使用等。

安徽省太湖县

一、概况

（一）县域基本情况

安徽省太湖县位于安徽省西南部、大别山南麓、长江北岸，属皖西南丘陵低山区，是国家重点生态功能区、大别山区深度贫困县。县域总面积2 040千米^2，全县辖15个乡（镇），另设有1个开发区、1个水电站，总人口57.94万人。与湖北省接壤，距离合肥、南昌、武汉、南京等大中城市仅2～3小时车程，合九铁路、105国道横贯东西，沪渝高速临境而过，正在建设的安九高铁途经太湖并设有站点，交通便捷。太湖县地势由西北向东南呈阶梯状下降，西北面为层峦叠嶂的大别山余脉，是皖鄂两省的天然屏障，东南部大都为丘陵平畈交错之地，是县域农业主产区。2018年，太湖县地区生产总值（GDP）129.6亿元，增长6.7%，三次产业结构比为20.7∶44.7∶34.6。全县实现财政一般预算收入10亿元，城乡常住居民人均可支配收入为16 706元，增长9.6%。

（二）养殖业生产概况

1. 畜禽养殖和产业发展 太湖县是全国畜牧大县、生猪调出大县，畜牧业发展历史悠久，是国家级畜禽遗传资源保护品种安庆六白猪和安徽省畜禽遗传资源保护品种大别山牛的主产区。县内养殖业生产以肉鸡、生猪为主，肉牛、肉羊、蛋鸡为辅，现有畜禽规模养殖场591个，其中肉鸡397个、生猪87个、肉牛21个、肉羊19个、蛋鸡19个、其他类48个。2018年饲养畜禽总量折合猪当量约171万头，位居安庆市各县（市、区）首位，出栏家禽3 200万只（其中肉鸡3 020万只）、生猪53万头、肉牛1.85万头、肉羊3.2万只，肉类产量8.8万吨，禽蛋产量0.78万吨，畜牧业产值22.81亿元，占农业总产值的56.52%。

2. 主要畜禽产业分布 受地理条件影响，太湖县生猪和肉鸡产业主要分布于平畈地区的晋熙镇、城西乡、小池镇、新仓镇、江塘乡、徐桥镇、大石乡共7个乡（镇），其中又以新仓镇、小池镇、江塘乡为中心形成3个养殖密集区。肉牛、肉羊养殖主要分布于平畈地区的新仓镇、小池镇、江塘乡和山区的北中镇、百里镇、刘畈乡共6个乡（镇）。蛋鸡养殖主要集中在山区北中镇。

3. 畜禽粪污产生量测算 2018年，太湖县畜禽粪污产生总量约92.62万吨，其中规模养殖场畜禽粪污产生量55.21万吨，规模以下畜禽粪污产生量37.41万吨。

（三）种植业生产概况

1. 农用地规模 2018年，太湖县共有耕地面积68 783公顷，草地面积5 353公顷，林地面积79 293公顷，果菜茶种植面积14 800公顷。

2. 种植业生产 太湖县主要种植农作物为水稻、小麦、玉米、棉花和油菜。2018年粮食播种面积39 212公顷，总产量216 511吨，比上年增加4 011吨，增长1.9%；油菜播种面积12 167公顷，总产24 753吨，比上年增加912吨，增长3.8%；棉花播种面积4 181公顷，总产5 080吨，比上年减少450吨，下降8.1%。

3. 县域土地承载力测算 按照农业农村部制定的《畜禽粪污土地承载力测算技术指南》测算，县域土地可承载畜禽饲养量折合猪当量约231.77万头。

二、总体设计

（一）组织领导

太湖县是2017年中央财政畜禽粪污资源化利用项目县，为高效实施项目，促进畜禽粪污资源化利用工作开展，该县成立了县、乡（镇）两级领导组织，细化了相关部门和乡（镇）职能职责，全面压实工作责任。县政府成立县级领导小组，负责顶层设计、组织部署、调度指挥等工作，由政府分管负责人担任组长，相关部门为成员单位，领导小组下设专家组、验收组和督查组，做到技术有人指导、质量有人把关、进度有人调度。各乡（镇）政府对应成立领导小组，负责落实县级决策部署，组织辖区内具体工作开展，下设技术服务队，对上积极配合专家组，落实各项基础工作，对下紧密联系养殖场，提供技术服务，督促项目建设进度和质量。

（二）规划布局

太湖县立足重点生态功能区和全国畜牧大县、生猪调出大县的实际，以在养殖密集区推行畜禽粪污第三方集中处理，对规模养殖场实施畜禽粪污资源化利用设施全面改造升级为工作重点，点面兼顾，整县推进畜禽粪污资源化利用。以新仓镇、小池镇、江塘乡3个传统养殖大乡（镇）为中心，建设3个年处理能力5万吨以上的第三方畜禽粪污集中处理中心，辐射服务全县养殖密集区，有偿收集和处理自身不具有资源化利用能力的规模养殖场和规模以下养殖场（户）的畜禽粪污。将全县畜禽规模养殖场全部纳入农业农村部畜禽规模养殖场直联直报信息平台严格监督管理，在整县推进项目支持下，对照农业农村部和省、市相关标准，选择主推模式，制定“一场一策”，按照“拉平补齐”方式改造升级，新建或完善畜禽粪污源头减量、过程控制和末端利用环节设施，达到资源化利用要求。

（三）工作机制

1. 总体思路 紧紧围绕“规模养殖场畜禽粪污处理设施配套率达到100%，畜禽粪污综合利用率达到90%以上，探索构建畜禽粪污资源化利用长效机制”的工作目标，以整县推进项目为抓手，以种养结合为主要方向，以新建第三方畜禽粪污集中处理中心和全面改造升级规模养殖场粪污源头减量、收集转化和还田利用设施为重点内容，以粪污肥料化、基质化、能源化利用为主要路径，因地制宜，点面兼顾，整县推进畜禽粪污的资源化利用。

2. 配套政策 出台了《太湖县2018年促进现代农业发展若干政策》，对当年度处理利用畜禽粪污量达到1万吨以上的第三方处理中心，按照实际生产销售有机肥数量，每吨补助50元；落实《安庆市2018年促进现代农业发展若干政策》，对畜禽规模养殖场当年新建粪污资源化利用设施投资达到20万元以上的，按照50%予以补助，补助上限20万元，市县财政按照1∶1承担，2018年太湖县财政配套补助资金300万元；严格落实省、市政府制定的沼气发电上网等政策；对各养殖场的粪污处理设施用地全部按照农业设施用地对待；对畜禽粪污第三方处理中心用地按照“一事一议”优先报批；对畜禽粪污资源化利用设施全部按照农业用电的标准执行；农机购置补贴资金对畜禽粪污资源化利用装备实行敞开补贴。

3. 工作方法 以抓好项目实施为重点，探索采取项目“十步法”流程管理模式，强化全过程监管，先后通过摸底调查、全面掌握规模养殖情况，制定方案、明确项目实施方式，入场指导、量身定制“一场一策”，以及项目申报、专家评审、项目建设、验收审计、结果公示、资金奖补、资料归档十个步骤细化流程，确保项目设施建在最需要的地方、钱花在刀刃上、问题得到最大程度解决。

4. 部门协调 太湖县领导小组切实发挥领导作用，通过召开专题会议和实地督导等方式，监督项目进度，协调解决问题，落实相关单位和乡（镇）职责。太湖县农业农村局、生态环境局、财政局、审计局4个部门抽调技术骨干16人联合组成的县专家组、验收组和督查组，共同负责项目设计、评审、指导、验收等具体工作，加强部门之间的沟通协调，形成合力推进项目实施。

5. 项目统筹 太湖县人民政府对项目实施负总责。各乡（镇）人民政府按照属地管理原则，对辖区内项目实施负责。太湖县领导小组全面管理项目实施，太湖县专家组、验收组、督查组负责规划设计、制度建设、方案评审、技术指导、验收考核等具体工作。农业、环保、财政、资源等领导小组成员单位，结合各自职责全力配合专家组、验收组、督查组开展工作。各项目实施单位落实主体责任，严格按照项目批复完成项目建设。

三、推进措施

（一）规模养殖场

1. 整体要求 太湖县县域内符合安徽省畜禽规模养殖场标准的养殖主体，均要在农业农村部畜禽规模养殖场直联直报信息平台进行备案登记，接受监督管理；备案登记的畜禽规模养殖场均要对照农业农村部和省、市相关标准，按照太湖县专家组制定的“一场一策”，配套完善粪污源头减量、过程控制和末端利用资源化利用设施，并且通过承包土地或者与种植大户、第三方处理中心合作等多种方式实现畜禽粪污资源化利用，同时按照生态环境部门要求完成环评备案相关工作；整县推进项目按照不高于50%比例、单场不高于100万元额度的标准统筹支持现有畜禽规模养殖场新建、改扩建上述设施。2018年起新建的畜禽规模养殖场不属于项目支持范围，必须自筹资金主动完善上述设施后才能投产运营。

2. 技术模式 结合太湖县耕地、林地资源丰富的自然优势和生猪、肉鸡为主的养殖业发展实际，主推固体粪便堆肥利用、肉鸡垫料堆肥利用、污水肥料化还田利用、异位发酵床四类资源化利用模式，通过种养结合方式实现资源化利用，同时鼓励大型养殖企业采取粪污专业能源化利用、粪污专业肥料化利用（图 1）两类模式，丰富粪污资源化利用路径，拓宽粪污消纳半径，提升畜禽粪污产品附加值。

立式反应器好氧发酵设备

槽式好氧发酵车间

图 1　好氧发酵处理技术

3. 开展工作　一是加强项目管理和技术指导。充分发挥专家组 16 个专家和乡镇技术服务队 110 个农技员作用，落实技术指导包片负责制，实现 591 个规模养殖主体“专家＋技术员”联系机制全覆盖。从入场定方案、培训交技术、实施盯进度、验收严要求等方面全程监督和指导规模养殖场落实粪污资源化利用。二是建立项目质量监管长效机制。2019 年开始太湖县领导小组每季度开展一次畜禽粪污资源化利用“回头看”专项行动，通过乡（镇）自查、县级抽查的方式对各规模养殖场设施运行、资源化利用等情况进行全覆盖式督查，巩固项目成效。

（二）规模以下养殖场（户）

1. 整体要求　位于养殖密集区内不具备资源化利用能力的规模以下养殖场（户），应主动对接第三方集中处理中心委托处理畜禽粪污；养殖密集区外不具备资源化利用能力的规模以下养殖场（户）应参照规模养殖场标准配套完善相关设施，实现资源化利用，经专家组同意后整县推进项目参照规模养殖场标准予以补助；针对少量产能落后的规模以下养殖场（户），按照“关停一批，转产一批，搬迁一批”的思路，鼓励主动关停或者转产。

2. 技术模式　除委托第三方处理中心处理以外，规模以下养殖场（户）（包括畜禽集中饲养试点区）主推固体粪便堆肥利用、污水肥料化还田利用等易掌握、易利用的模式。

3. 开展工作　对获整县推进项目支持改造升级的规模以下养殖场（户），参照畜禽规模养殖场管理，落实“专家＋技术员”联系机制。开展农村散养畜禽集中饲养试点创建工作，以村为单位规划可养区，完善各项基础设施，推行集中连片饲养。

（三）第三方处理中心

1. 整体要求　根据太湖县地理条件复杂，畜禽养殖呈区域性集群分布的实际情况，定位 3 个养殖重点乡（镇），新建 3 个布局合理、规模适中的第三方畜禽粪污集中处理中心。严格筛选第三方建设主体，要求具有一定的农业废弃物资源化利用产业基础，工艺技术先进，具备一定的粪污资源化利用能力或者稳定的产品销售渠道。整县推进项目按照不高于50％比例统筹支持企业投资建设第三方处理中心，支持内容包括畜禽粪污收集转运专用车辆、加工处理专业设施设备、肥料还田利用管网、肥料田间暂存设施设备。

2. 技术模式 根据太湖县县域产业发展实际和企业自身情况，经过专家组调研分析和评审，为3个集中处理中心分别制定了技术模式和资源化利用路径。

①小池镇处理中心。该中心承建企业是太湖县最大的花卉苗木和栽培基质生产企业，产业基础坚实并且与畜禽粪污资源化利用联系紧密。目前建有苗木栽培基质加工车间2万米^{2}和半自动化商品基质包装线2条，配套有2 000亩育苗基地和5 800亩花卉苗木产业扶贫基地（图2）。在此基础上，采用粪污专业基质化利用模式＋污水肥料化还田利用模式，年可分类收集、集中处理畜禽粪污5万吨、农作物秸秆2万吨。主要产品为有机育苗基质，设计年产量3万吨，部分销售，部分自用，副产品为液态肥（沼液），用于企业2 000亩苗木种植基地水肥一体化生产。2018年企业销售轻基质无纺布育苗容器达到2亿个，单品产值达到2 000万元。

图2 商品育苗基质深加工车间

②江塘乡处理中心。该中心承建企业是太湖县最大的秸秆产业化利用企业，与种植大户联系紧密，秸秆原料来源充足，有机肥产品销售渠道稳定。目前建有秸秆收储中心5 000米^2，有机肥加工车间5 000米^2，畜禽粪污、农作物秸秆收储机械设备30余台套，秸秆微储饲料自动化生产流水线1条，商品有机肥生产线1条（图3）。在此基础上采用粪污专业肥料化利用模式，年可集中处理畜禽粪便5万吨，农作物秸秆3万吨，主要产品为商品有机肥，设计年产量3万吨，产值约1 500万元。

③新仓镇处理中心。该中心承建企业是安庆市唯一的病死畜禽集中无害化处理企业，管理模式先进，运输网络发达，与养殖户联系紧密，并且拥有太湖县最大的绿色大米加蔺草轮作基地，面积接近7 000亩，能够消纳和利用大量的畜禽粪污。目前建有日处理病死畜禽30吨的病死畜禽无害化处理车间4 000米^2，畜禽粪污集中调运平台1个，配套液肥专业运输车辆6台，并且在种植基地安装了企业自主研发的田间液肥贮存囊200余个，可同时贮存液肥接近1.5万吨。在此基础上采用污水肥料化利用模式，年集中收集养殖场（户）污水、沼液5万吨，经平台统一调运送至田间液肥贮存囊厌氧发酵，在施肥季节替代部分化肥一次性还田利用。

3. 开展工作 加强技术指导，太湖县政府聘请专家顾问专门负责评审和指导第三方处

图3 有机肥（基质）加工车间

理中心建设，县专家组积极配合；加强宣传引导，太湖县农业、物价部门专门赴各重点乡（镇）召开养殖场（户）代表座谈会，收集养殖主体意见，制定指导收费标准，宣传推广第三方处理中心有偿社会化服务；加强监督管理，太湖县专家组制定了第三方处理中心粪污收购台账、服务协议等档案，定期监督检查工作开展情况；加强政策支持，太湖县政府自筹资金对当年度处理利用畜禽粪污量达到1万吨以上的第三方处理中心，按照实际生产销售有机肥数量，每吨补助50元。

（四）农牧结合种养平衡措施

1. 科学制定种养循环发展规划 太湖县领导小组制定了《太湖县种养结合循环发展规划（2017—2020）》。以地定养，调整畜牧业产业布局、畜种结构和发展方向。

2. 严格执行消纳土地配套标准 根据农业农村部《畜禽粪污土地承载力测算技术指南》，指导以种养结合方式开展畜禽粪污资源化利用的养殖场（户）配套足量土地消纳利用粪污，杜绝出现粪污还田利用量超过土地承载力情况。

3. 积极创建种养结合示范点 2019年，太湖县依托种植大户，创建了5个种养结合示范点消纳利用周边畜禽粪污。小池镇集中处理中心在2 000亩育苗基地安装水肥一体化系统。新仓镇集中处理中心自主研发出了易安装、零基建、可批量化投放的田间液肥暂存囊，并经过了权威部门质量安全检测。目前在合作种植基地已经投放了近200个田间液肥暂存囊（图4、图5）。在示范点开展畜禽粪肥机械化、精准化还田对比试验，监测土壤肥力、有机质、农作物产量、质量等

图4 小池镇集中处理中心水肥一体化利用

多项数据变化，掌握第一手资料，为下一步科学指导和示范带动农牧结合循环发展模式打好基础工作。

图 5　田间液肥暂存囊

四、实施成效

（一）目标完成情况

1. 绩效目标全部完成　通过项目资金撬动，2017—2018 年太湖县累计完成投资 1.13 亿元，新建了 3 个年处理能力 5 万吨以上的畜禽粪污集中处理中心，改造升级了 535 个规模养殖场（项目覆盖率达到 90.52%）和 52 个规模以下养殖场（户）的资源化利用设施。全县规模养殖场资源化利用设施配套率达到 100%，畜禽粪污综合利用率达到 93.96%，两项指标均达到绩效目标。

2. 项目建设成果显著　一是以截污建池为设施配套重点，新建干粪堆积发酵棚等固体处理设施约 4.8 万$米^2$，污水厌氧发酵池等液体处理设施 7.9 万$米^3$，雨污分流、污水收集管网约 7.5 万米，安装干湿分离机、自动刮粪机等专用设备 648 台（套）。二是以农牧结合为利用主要路径。鼓励规模养殖主体主动承包土地或者与种植大户合作，开展粪肥、液肥就近还田利用，铺设沼液输送管网约 4 万米，配套沼液车、抛粪车等肥料还田专用车辆 58 台，发展农牧结合土地面积约 4.2 万亩，创建种养结合示范点 5 个，推广肥料机械化、精准化还田利用，示范面积约 0.52 万吨。三是以第三方处理中心为产业发展方向。在养殖密集区建设了 3 个集中处理中心，探索畜禽粪污的集中式异地处理、社会化有偿服务、产业化加工生产，通过专业基质化、肥料化利用，提升了畜禽粪污的附加值，拓宽了资源化利用的辐射半径，有效解决了区域性“粪多地少”的利用难题。

（二）工作亮点

整县推进项目实施以来，太湖县以绩效目标为导向，因地制宜，积极探索，在实践中总结运用“五保障、十步法”项目管理模式，取得了良好成效。

1. 强化五保障，有效推动项目实施　一是强化组织保障。成立县乡两级领导组织和工作组织，职责到位，分工到人，保障项目顺利实施。二是强化技术保障。充分发挥专家组

16个专家和乡镇技术服务队110个农技员作用，落实技术指导包片负责制，实现591个规模养殖主体“专家＋技术员”联系机制全覆盖；着力提高专家组水平，聘请国家畜禽废弃物资源化利用联盟专家担任县级项目顾问，全程指导项目实施；全面普及资源化利用专业知识，举办县乡培训班20余场，参训1 200余人次。三是强化制度保障。太湖县政府将该项工作纳入政府工作绩效考核，与各乡镇政府签订目标责任书，压实责任，同时列入政府年度重点工作，实行周、月双调度，每月下发督查通报，传导压力。太湖县领导小组建立长效监管制度，2019年每季度开展一次“回头看”专项行动，巩固项目成效。四是强化经费保障。2018年太湖县财政安排畜禽粪污资源化利用专项工作经费105万元用于专家指导、技术培训、专项审计等工作开展，并且已经纳入政府财政预算，从2019年起每年安排35万元专项经费支持工作开展。五是强化政策保障。在落实国家和省、市各项政策基础上，太湖县政府2018年起将畜禽粪污资源化利用纳入县现代农业发展政策支持范围。

2. 创新十步法，严格规范项目流程 ①摸底调查。乡镇技术服务队全面摸底，调查登记辖区内规模养殖主体基本信息和资源化利用情况，汇总上报专家组研究和分析。②制定方案。专家组根据分析结果，拟定具体实施方案，经太湖县县政府审议通过后印发实施。根据方案内容，专家组拟定实施细则，规定项目主体范围、项目申报程序、设施配套标准、资金奖补比例等各项具体内容，经太湖县领导小组同意后印发实施。③入场指导。专家组分成4组包片入场，以规模养殖主体现有资源化利用设施是否符合设施配套标准为依据，筛选项目实施主体，现场设计资源化利用模式和配套建设内容，形成“一场一策”交实施主体参考。④项目申报。实施主体在乡镇技术服务队指导下根据“一场一策”填写申报文本，经乡镇初审后汇总上报专家组。申报文本格式由太湖县领导小组统一设计，内容包括基本信息、建设方案、资源化利用模式和技术路线等内容。⑤专家评审。专家组定期召开会议，分批评审申报文本，通过后报太湖县领导小组批复实施。⑥项目建设。实施主体严格按照批复内容进行建设，同时完善环评备案手续，建设过程中遇到问题随时可向技术服务队和专家组需求技术帮助。⑦验收审计。采取竣工一批、验收一批的方式，验收组联合第三方审计机构分组包片入场验收审计，结果汇总后提交太湖县领导小组审核。⑧结果公示。太湖县领导小组分批对验收结论和审计结果进行公示。⑨资金奖补。每批公示结束后，及时拨付奖补资金。⑩资料归档。项目全部竣工后，专家组对实施主体档案资料进行分户归档和统一保存。归档资料共11项，包括省级资源化利用方案表、省级资源化利用考核验收表、申报文本、验收表、审计结果、环评资料、设施照片、财务票据、配套土地证明、资源化利用台账、扶贫结合资料。

（三）效益分析

1. 经济效益 第三方集中处理中心和大型规模养殖场通过畜禽粪污专业肥料化、基质化利用模式，年生产商品有机肥、苗木栽培基质总量超过6.5万吨，年收入约3 800万元；部分规模养殖场在改造升级后，通过固体粪便堆肥利用等模式生产初级堆肥产品，打包后销售给种植大户或者加工企业，均价230元/吨，年收入约660万元；部分畜禽粪污经过处理后直接还田利用，实现农牧结合，降低了种植肥料成本，以太湖县种养结合示范点为例，每亩平均直接降低化肥成本约40元，间接增加了种植效益。

2. 社会效益 通过改造升级规模养殖场（户）资源化利用基础设施，场区内部和周边环境得到明显改善，有效缓解了社会矛盾，得到了群众的认可；通过技术培训、舆论宣传和监督管理，整体提高了养殖行业对畜禽粪污资源化利用工作必要性和生态文明建设重要性的思想认识，行业综合水平有了明显提升；通过支持建设畜禽粪污第三方集中处理中心，探索构建社会化服务机制，畜禽粪污资源化利用产业逐步成型，促进了现代农业高质量发展，带动了社会就业。

3. 生态效益 2018年太湖县畜禽粪污总产生量减少9.18万吨，同比减少9.02%，规模养殖场（户）资源化利用设施水平得到显著优化，养殖污染得到有效控制，农村人居环境和自然环境得到明显改善。通过肥料化、基质化还田利用，畜禽粪污综合利用量增加5.85万吨、同比增加7.20%，农牧结合土地达到4.2万亩、同比增加28.3%，削减了化肥施用量，补充了土壤有机质，改善了土壤结构，有效保护了地力，提高了农产品质量。

安徽省临泉县

一、概况

（一）县域基本情况

临泉县位于安徽省西北部，与豫皖两省接壤，介于中原城市群与合肥都市圈之间，与两省九个县市区接壤。临泉县属大陆性暖温带半湿润季风气候区，气候温和，雨量适中，日照充足，四季分明。临泉县东距京九铁路最大编组站——阜阳站 60 千米，阜阳机场 45 千米，106 国道和 102、204、328、237 省道，阜新高速公路穿境而过，泉河水运驶入淮河。全县总人口 230 万人，为全国第一人口大县。2018 年，全县地区生产总值（GDP）211.1 亿元，增长 8.7%，全县三次产业结构比重由上年的 37.7∶25.9∶36.4 调整为 34.4∶26.6∶39。全县全年累计实现财政收入 25.2 亿元，增长 26%。按户籍人口计算，全县人均地区生产总值 9 190 元，比上年增加 838 元；按常住人口计算，全县人均地区生产总值 12 791 元，比上年增加1 089元。

（二）养殖业生产概况

1. 畜牧养殖和产业发展情况 2018 年，临泉县生猪存栏 87.27 万头。其中，能繁母猪 7.35 万头，出栏 125.75 万头。牛存栏 7.89 万头，出栏 9.75 万头。肉羊存栏 87.09 万只，出栏 98.57 万。家禽存栏 891.7 万只，其中蛋鸡存栏 379.7 万只，肉鸡存栏 442.3 万只；家禽出栏 1 257 万只，其中肉鸡 1 013.2 万只。肉类总产量 17.83 万吨，蛋类总产量 7.42 万吨，奶类总产量 3 468 吨（表 1）。

表 1　2018 年临泉县各乡镇畜禽养殖情况

乡镇	生猪出栏（头）	牛出栏（头）	羊出栏（头）	家禽出栏（万只）	肉鸡出栏（万只）	肉类总产（吨）	蛋类总产（吨）	奶类总产（吨）
城关	114 723	9 334	113 960	93	67.5	10 470	6 844	86
邢塘	3 600	650	6 600	15.2	11.2	568	14	
城东	10 980	395	6 490	13	7.9	45	9	
城南	1 460	390	2 100	5.8	5.8	569	280	
田桥	12 076	2 386	10 356	45.2	42	4 122	282	
杨桥	62 393	3 526	59 936	46.2	44.1	7 745	2 031	
谭棚	67 896	4 391	66 819	41.7	31.9	11 796	7 389	

（续）

乡镇	生猪出栏（头）	牛出栏（头）	羊出栏（头）	家禽出栏（万只）	肉鸡出栏（万只）	肉类总产（吨）	蛋类总产（吨）	奶类总产（吨）
高塘	97 500	1 620	14 600	35.8	32.4	13 765	1 968	
老集	62 687	1 382	11 637	293	292	15 233	5 413	
滑集	35 720	1 360	26 780	97	72	4 960	2 310	
吕寨	9 000	1 150	10 000	10	9	910	800	
土坡	28 141	896	6 579	31.3	14.7	2 163	1 416	
单桥	27 216	1 238	14 356	32	27.7	3 301	61	
长官	71 067	4 376	45 688	96.5	74.6	9 547	9 859	
宋集	49 014	2 679	48 179	34.1	31	7 327	842	1 894
张新	41 200	1 960	35 870	18.9	15.6	6 630	1 650	
陈集	40 695	1 156	32 593	30.5	28.8	4 410	1 543	
艾亭	24 022	1 985	16 177	8.4	7.1	3 106	1 822	
陶老	43 869	8 316	74 691	49.7	0	4 916	3 298	
韦寨	16 116	2 588	23 098	19.1	10.1	316	22	765
迎仙	40 212	7 508	23 724	30.4	29.1	4 848	1 891	
瓦店	26 873	5 167	33 887	4	3.8	3709	778	
姜寨	55 620	4 690	37 780	17.2	13.8	5 737	1 393	
庙岔	106 402	7 421	73 629	18.9	14.9	15 359	429	
白庙	22 037	1 709	53 212	17	6.9	513	89	
黄岭	30 972	3 318	16 079	18.2	15.8	13 025	11 820	723
鲖城	104 938	8 598	66 801	76	61.2	13 835	3 068	
关庙	51 027	7 298	54 101	59.2	42.3	9 399	6 917	
合计	1 257 456	97 487	985 722	1257.3	1 013.2	178 324	74 238	3 468

2. 畜禽粪污产量测算情况 2018 年，临泉县畜禽粪污总产量 395.18 万吨，其中牛粪污总产量 100.87 万吨、生猪粪污总产量 165.64 万吨、羊粪污总产量 63.58 万吨、家禽粪污总产量 65.09 万吨。

（三）种植业生产概况

临泉县是皖北第一粮仓、全国粮食生产大县，全县全年粮食作物种植面积 290 万亩，农作物秸秆资源以小麦、玉米、芝麻、大豆、红芋为主。2018 年全县小麦种植面积 153.58 万亩，玉米种植面积 121.36 万亩，蔬菜种植面积 61.5 万亩。

二、总体设计

（一）组织领导

临泉县县政府成立临泉县畜禽粪污资源化利用工作领导小组，县政府主要负责同志任组长，分管农业农村、生态环境的负责同志为副组长，县直有关单位主要负责人为成员，领导小组下设办公室。

（二）规划布局

临泉县“畜禽规模养殖场直联直报信息系统”共有831家养殖场，目前完成“一场一策”的规模养殖场477家，其中，生猪养殖场（户）151家、肉牛养殖场（户）69家、肉羊养殖场（户）143家、蛋鸡养殖场（户）105家、其他养殖场（户）9家。161家肉鸡场由阜阳市三德利畜禽养殖有限公司统一收购养殖场垫料，不参与“一场一策”设计。

（三）管理原则

规模养殖场（户）支持重点在源头减量，即把粪水总量减下来，可以起到事半功倍的作用，节省资金、实现可持续发展。项目资金重点支持雨污分离、饮污分离、粪尿分离、清洁卫生用水分离，主要包括源头节水养殖模式的设施改造，雨污分离设施改造、饮水系统节水改造，机械干清粪设施设备改造，做到日结日清，把养殖场的粪水总量减少至少70%。同时，采用干清粪工艺，粪便通过简易堆肥发酵模式，生产堆肥或者有机肥，尿液和少量污水通过全量密封收集，经过100天以上的深度厌氧发酵腐熟后，在农时季节收获茬口，作为基肥全量还田使用（翻耕）；在养殖场（户）的实施过程中采取臭气减控措施。

（四）工作机制

1. 总体思路 临泉县统筹推进畜禽养殖废弃物资源化利用工作，坚持保供给与保环境并重，坚持政府支持、企业主体、市场化运作的方针，以有机肥终端补贴为导向，坚持源头减量、过程控制、末端利用的治理路径，以畜禽规模养殖场（户）为重点，以种养结合、粪污就地就近消纳为根本途径，着力构建畜禽养殖废弃物资源化利用循环经济发展新体系，形成布局合理、种养结合、农牧循环、产业链条完整的畜禽粪污综合利用产业化新格局，通过整县推进实现全县畜禽粪污资源化利用、有机肥替代化肥、治理农业面源污染，为打造中原牧场、实现乡村振兴战略提供有力支撑。

2. 健全从源头抓好畜禽养殖污染的管理制度 对畜牧养殖场建设严格落实动物防疫条件合格证、土地使用权证等相关行政许可审批制度，并依法提供相关审批材料。由发展和改革委员会、农业农村局和生态环境局等部门实地考察，依照《中华人民共和国畜牧法》《畜禽养殖业污染排放标准》等法律法规和区域规划布局进行审批，严禁无任何粪污处理设施的养殖场进行养殖。

3. 大力推广有机肥的使用 出台政策支持鼓励种植业广泛使用农家肥等有机肥，大幅增加有机肥的使用量，实现种养结合，让畜禽粪污变“废”为宝，促进种植业和养殖业健康发展。

4. 推广运用以奖代补模式，挖掘社会投资潜力和发展动力 鼓励、支持和引导社会资本积极参与畜禽粪污资源化利用工作，带动实现投资主体多元化、资金来源社会化、经营机制市场化，着力解决资金紧缺、机制僵化等突出问题。

三、推进措施

（一）规模养殖场

1. 生猪养殖场（户） 对临泉县151家规模养殖场严格实行净污道分开、饮水器改造，进行干清粪，实现粪水分离，尿液和少量污水通过全量密封收集，经过100天以上的深度厌氧发酵腐熟，粪便通过干清粪进入堆肥棚，好氧发酵后可作为肥料利用。如配套有相应的消纳基地，可全部就近用于农田、果园进行资源化利用。养殖场（户）若无消纳基地，可统一由第三方处理中心加工为有机肥。主要设施有清粪设施设备、雨污分流设施、饮污分流设施、堆肥棚、厌氧发酵池、粪污车等。

推行异位发酵床模式的养殖场（户）粪污从集污池全部进入异位发酵床处理，可对猪场产生的粪污进行发酵分解和无害化处理，经过一段时间后可直接作为有机肥料进行农田利用。主要设施有清粪设施设备、雨污分流设施、饮污分流设施、集污池、异位发酵床、粪污车等。

2. 肉牛养殖场（户） 对临泉县69家规模养殖场（含3家奶牛场），严格实现净污道分开、雨污分流、饮污分流，使用微生物菌种发酵技术，减少畜禽粪便、污水中有害物质、减少气体异味。按照场床一体化（图1）养殖模式设计，实现粪便和尿液通过垫料层（垫料+低温发酵微生物菌种）低温好氧发酵，逐步蒸发尿液水分，初步实现垫料层的缓慢腐熟，实现无害化要求，即确保牛平时产生的粪便和尿液全部通过垫料层进行处理，实现无污水粪便排放。养殖场如配套有相应的消纳基地，垫料可全部就近用于农田、果园进行资源化利用，无消纳基地的可统一由第三方处理中心加工为有机肥或销售处理。设施主要有清粪设施设备、雨污分流设施、饮污分流设施、堆肥棚、厌氧发酵池、粪污车等。

图1 牛舍场床一体化改造

3. 肉羊养殖场（户） 对临泉县143家羊场实行推广高床养殖，羊床下铺设垫料，实现粪便和尿液通过垫料层（垫料+低温发酵微生物菌种）低温好氧发酵，逐步蒸发尿液水分，初步实现垫料层的缓慢腐熟，实现无害化要求，确保产生的粪便和尿液全部通过垫料层进行处理，实现无污水粪便排放。同时在运动场上铺垫料层，厚度一般要求为35～40厘米，原料采用周边容易获得的各种干燥固体有机物料。在运动场上方搭建薄膜卷帘，平时卷帘收起来，确保阳光照射运动场，下雨天打开，防止雨水进入运动场。重点建设清粪设施设备、雨污分流设施、饮污分流设施、堆肥棚、粪污车。

4. 肉鸡养殖场（户） 对临泉县161家肉鸡场全部实行垫料肥料化利用模式，由阜阳市三德利畜禽养殖有限公司统一收购养殖场垫料，收购回来的垫料配合低温发酵微生物菌种进行低温好氧发酵，逐步蒸发尿液水分，初步实现垫料层的缓慢腐熟，实现无害化要求。

5. 蛋鸡养殖场（户） 对临泉县105家蛋鸡场全部使用皮带式刮粪机（图2），鸡粪日产日清，全程不落地，容易收集，实现鸡粪零污染，使用微生物菌种发酵技术，经过好氧发酵后就近还田或委托第三方处理中心加工商品有机肥。重点建设清粪设施设备、雨污分流设施、饮污分流设施、堆肥棚、粪污车。

图2 鸡舍改造

（二）规模以下养殖场（户）

对没有能力进行设施改造的规模以下养殖场（户），采用雨污分离、饮污分离，粪便尿水全密封收集，存贮厌氧发酵100天以上无害化后，粪水采用有偿收集处理的模式，由第三方处理中心收集还田处理。

（三）第三方处理中心

针对养殖密集小区内没有能力处理的规模以下养殖场（户），布局设计第三方集中处理中心，主要有粪便堆肥发酵生产有机肥模式、粪水收集沼气发酵模式、沼液无害化处理后全量还田等。目前临泉县第三方处理中心由韦寨镇、鲖城镇、张新镇商品有机肥加工厂及临泉国能天然气公司承担。

（四）农牧结合种养平衡措施

临泉县把生态循环农业作为养殖业转型升级的重要措施，转变发展方式，大力推进种养结合，有效促进了畜禽粪污的循环利用。临泉县确立了“以畜牧业为龙头，发展农牧结合、现代生态循环农业”的思路，全面推进现代生态循环农牧业建设。

四、实施成效

（一）目标完成情况

通过畜禽粪污资源化利用整县推进，探索形成了适合临泉县的畜禽粪污资源化利用典型模式、技术路径和长效机制，解决养殖污染问题，推动畜牧业发展向生态畜牧业、清洁畜牧业、循环畜牧业转型升级，提升畜牧业生产水平，提高劳动生产率和资源利用率，保持主要畜产品产量稳定增长和生态环境有效改善。2019 年完成大型规模养殖场的畜禽粪污资源化利用，粪污处理设施装备配套率达到 100%；中小规模养殖场（户）的畜禽粪污综合利用率达到 90%以上，粪污处理设施装备配套率达到 100%。通过干清粪节水养殖模式，实现源头减排粪水 70%以上。

（二）工作亮点

1. 领导重视，成立组织 在申报项目时，临泉县县委书记到安徽省和北京去答辩，项目落地后书记、县长多次召开项目调度会。针对该项目，临泉县成立以分管副县长为组长的项目工作领导小组，项目工作领导小组办公室成立以知名专家为组长的项目技术小组，还成立了技术指导小组、项目开展督导小组等组织。

2. 广泛调研，制定方案 为切实做好畜禽粪污资源化利用整县推进项目实施前的准备工作，选择更加合理、科学的处理模式，临泉县县领导先后带队到河南省新蔡县、淮滨县、唐河县，安徽省凤阳县、怀远县、南陵县、安徽科技学院实地考察畜禽粪污资源化利用和有机肥生产，并主持召开畜禽粪污资源化利用座谈会和项目实施方案论证会。为贯彻落实安徽省政府办公厅《关于印发安徽省畜禽养殖废弃物资源化利用工作方案的通知》（皖政办〔2017〕83 号），2018 年 3 月 20 日临泉县政府下发了《关于印发临泉县畜禽临泉县畜禽养殖废弃物资源化利用实施方案的通知》（临政办〔2018〕12 号），明确坚持源头减量、过程控制、末端利用的治理路径，以畜禽规模养殖场（小区）为重点，以农用有机肥为主要利用方向，全面推进畜禽养殖废弃物资源化利用，加快构建种养结合、农牧循环的可持续发展新格局，为打造中原牧场、实施乡村振兴战略提供有力支撑。

3. 设计规划，试点示范 临泉县委托专业咨询公司利用 4 个月的时间对全县直联直报系统的全部养殖企业进行前期的摸底调查和规划，实行“一场一策”，主要的设计理念就是源头减量、过程控制、末端利用。在设计完成后，临泉县选择不同种类的企业进行先期改造，改造后通过专家评审，评审后细化完成，最终全面推开。

4. 技术培训，包保企业 临泉县成立技术指导小组（农业农村、生态环境部门），对技术指导小组成员进行理论培训和示范企业现场培训，使每个人掌握改造的要点和技术，然后分区域对每个企业（养殖户）培训。临泉县实行技术和行政两种包保方式，技术包保由农业农村局乡镇畜牧技术人员包保到养殖企业（户），负责企业的技术改造和技术规范；行政包保由乡镇干部负责，负责督促改造和改造时间的安排和调剂。

5. 项目调度，档案管理 畜禽粪污资源化利用实行周报告、月调度的办法，对认识不到位、工作滞后的乡镇实行通报，并和临泉县的经济目标考核挂钩，实行倒逼机制。畜禽粪污资源化利用资料包括：①文件、会议、培训、整改照片、宣传、审计、公示、资金拨付、调度、督察通报等统筹资料；②“一场一策”资料，包括企业基本情况、企业简介、企业建设内容、粪污利用模式、现状图、规划图、建设（前、中、后）照片、设备发票、审计资料、公示资料、拨款凭证等。归档资料实行集中、分乡镇街道、分场保存（图3）。

图3　各养殖场设计方案及改造资料档案

6. 资金监管，严把程序 畜禽粪污资源化利用项目，临泉县采取以奖代补、先建后补的办法，企业在项目完成后向领导小组办公室申报验收，临泉县农业农村局和生态环境局组成人员对设施设备配套是否达到生产需求进行认定，达到生产需求后由审计部门负责资金投入和奖补资金的认定，经审计部门认定后进行公示，公示无异议后进行资金拨付。

（三）效益分析

1. 社会效益 一是推进畜牧业精准扶贫。畜禽粪污资源化利用整县推进项目的实施，支持组建社会化服务组织参与项目建设，创新社会化服务模式，推动畜禽粪污收集、存储、运输、处理和综合利用全产业链的形成，产业链上各环节将提供大量工作岗位，可吸纳贫困户就业，成为畜牧业精准扶贫的新渠道。二是促进农民持续增收。通过本项目的实施，畜禽粪污等废弃物转变为有机肥、沼气等资源，变废为宝，既减轻了环境保护压力，又拓宽了农民增收渠道；推动有机肥替代化肥，既可减少化肥使用量，又可提高农作物抗性，减少病虫害的发生，降低农药使用量，从而节约种植成本，促进农民增收；畜禽粪污资源化利用模式的推广，将有效促进区域农牧结合、种养循环，实现农业可持续发展。三是提升农民生活水平。项目的实施，可有效减少畜禽粪污排放，减轻养殖气味污染，改善农村居住环境，推动美丽乡村建设；沼气等清洁能源的利用，使农村生活成本降低，农民生活水平提升，有利于推动社会经济和谐发展，实现全面建成小康社会。

2. 经济效益 一是有机肥产值显著提升。通过本项目的实施，临泉县的第三方处理中心收集畜禽粪污46.2万吨，使全县各类有机肥生产能力达到21万吨；此外，大型规模养殖场通过生产沼气，供应给周边农户使用，可每年从每户获得300元左右收益。二是促进种植业提质增效。种养循环等模式的推广，将促进有机肥施用量增加。施用有机肥可使农产品外观、适口性、糖度、营养物含量等品质提升，价值提高。带动临泉县绿色、有机农产品等“三品一标”认证，推动农产品向优质、高端方向转型升级，实现提质增效。三是提升临泉县农业竞争力。本项目的实施，将推进种养循环、农牧结合，使之成为临泉县农业发展亮点与优势，有利于提升全县农产品品牌价值和增强产业竞争力。

3. 生态效益 通过项目建设，每年将畜禽粪污转化成有机肥，施用有机肥可有效提升土壤有机质含量，增加土壤养分含量，增强土壤微生物活力，改善土壤结构，提升耕地质量，促进农田永续利用。项目实施后，临泉县畜禽粪污综合利用率将达到90%以上，有效减少养殖粪污排放量，COD排放量，氨氮排放量，化肥、农药施用量，有效控制农业面源污染，促进农田生态环境改善，保护优质的水资源和良好的生态环境。

江西省定南县

一、概况

（一）县域基本情况

江西省定南县位于江西南部边陲，是赣粤两省通衢的咽喉要地，素有“江西南大门”之称，处于赣州 1 小时经济圈和深港共建国际大都市 3 小时经济圈。属中亚热带季风湿润气候区，气候温暖湿润。全县辖 7 个镇 120 个行政村，土地总面积1 321.13 千米^2，总人口 22 万人。立足国家级“三南”承接加工贸易转移示范地，作为核心区的生态工业园、农业科技园、物流产业园、旅游产业园、教育园、精细化工产业园等 6 个产业园区得到提档升级，并设立了江西首个省级精细化工产业基地和商贸物流服务业基地，成为江西对接粤港澳的第一门户和排头兵。2018年定南县农林牧渔业总产值174 210万元。

（二）养殖业生产概况

定南县是国家级农产品质量安全示范县、生猪调出大县、瘦肉型商品猪供应基地县。2018 年生猪出栏 64.13 万头，年生猪生产总产值达 10 亿元以上，占全县农业总产值的 60%以上，其中供港生猪 11.59 万头，实现销售收入 1.9 亿元，出口创汇 2 769 万美元。2018 年全县生猪存栏 37.21 万头，家禽存栏 64.87 万只，牛存栏 1.07 万头，羊存栏 0.20 万只，肉类总产量 53 832 吨，禽蛋产量 203 吨。2018 年全县畜禽养殖粪污总量见表 1。

表 1　2018 年定南县畜禽养殖年粪污总量

畜禽种类	存栏（万头、万只）	年粪污量（万吨）
生猪	37.21（万头）	64.68
牛	1.07（万头）	13.46
羊	0.20（万头）	0.16
家禽	64.87（万只）	1.80
合计	103.35 万头（只）	80.10

（三）种植业生产概况

1. 农用地规模

（1）耕地　定南县耕地面积为 8 073.39 公顷，占全县土地总面积的 6.12%。其中，水田面积最大，为 7 032.94 公顷，占全县耕地面积的 87.11%；其次旱地面积为 761.48 公顷，占 9.43%；水浇地面积最少，为 278.97 公顷，占 3.46%。

（2）园地 园地面积为 5 635.66 公顷，占全县土地总面积的 4.27%。其中，果园面积为 5485.59 公顷，占全县园地面积的 97.34%；茶园面积为 111.43 公顷，占 1.98%；其他园地面积为 38.64 公顷，占 0.68%。

（3）林地 林地面积为 107 681.31 公顷，占全县土地总面积的 81.67%。其中，有林地面积为 92 403.12 公顷，占全县林地面积的 70.08%；其他林地面积为12 876.55公顷，占 9.77%；灌木林面积为 2401.64 公顷，占 1.82%。

（4）牧草地 牧草地面积 1.19 公顷，分为天然草地和人工草地，面积分别为 0.48 公顷、0.71 公顷。

（5）其他农用地 其他农用地面积为 4 075.79 公顷，占全县土地总面积的 3.09%。其中，农田水利用地面积最大，为 1 660.76 公顷，占全县其他农用地面积的 40.75%；其次田坎为 1 555.82 公顷，占 38.17%；最少的设施农用地为 32.67 公顷，仅占 0.80%。

2. 种植业生产情况 2018 年全县粮食作物播种面积 16.17 万亩，产量 5.60 万吨，下降 6.48%。其中，谷物播种面积 14.71 万亩，产量 5.27 万吨，下降 5.1%。经济作物播种面积 8.95 万亩，产量 8.82 万吨，增长 9.52%。其中，蔬菜及食用菌播种面积 6.01 万亩，产量 8.38 万吨，增长 9.28%；油茶种植面积 11.16 万亩，产量 1 360 吨；脐橙种植面积 2.53 万亩，总产量 1.22 万吨。

二、总体设计

（一）组织领导

为加快推进定南县畜禽养殖废弃物处理和资源化利用工作，成立了由县长任组长，县政府分管农业领导任副组长，县农业农村局、公安局、环境保护局、发展与改革委员会、自然资源局、林业局、水利局等单位负责人为成员的畜禽养殖废弃物处理和资源化利用工作领导小组，办公室设在县农业农村局，由县农业农村局局长任办公室主任，负责县畜禽养殖废弃物处理和资源化利用工作的具体实施和协调等工作。层层分解任务，责任到人，要求主要领导亲自抓，分管领导具体抓，确保畜禽养殖废弃牧处理和资源化利用工作顺利开展，取得实效。

（二）规划布局

全县所有养殖场粪污纳入资源化利用规划范围。定南县岭北片区所有养殖场户和岭南片区年出栏 500 头以上规模场粪污纳入第三方全量化收集处理。规模以下养殖场（户）自主选择资源化利用模式，开展养殖业粪污返林、返田、返果等利用方式，实现资源化利用。

（三）管理原则

严格遵守项目建设管理制度，并组织相关人员开展日常监督巡查，采取先建设后奖补原则组织项目实施。养殖场（户）申请具体建设内容，报镇政府和县农业农村局批准同意后，先行投入建设，全面完成建设内容，依照第三方测绘机构测绘结果或者经验收组验收合格，按照奖补标准确定奖补金额，提供相关报账资料，由定南县发展和改革委员会审核后，县农业农村局统一向县财政请款直接拨付给申报建设单位。

（四）工作机制

1. 总体思路 以生态文明建设为目标，按照“减量化、资源化、无害化、生态化”要求，坚持发展与治理并重、生产与生态兼顾，注重属地管理、治旧控新、疏堵结合，推广清洁生产和生态养殖，从源头上控制和削减畜禽养殖排污总量，以有机肥替代化肥推动种植业绿色生态发展，使绿色发展导向贯穿于农业发展全过程，切实改善环境质量，实现畜禽养殖业健康可持续发展。

2. 配套政策 一是印发《定南县畜禽粪污资源化利用整县推进工作实施方案》（定府办字〔2018〕78号），按照先建设后奖补、全量化收集优先、示范引领优先、总量控制和属地管理的原则，对全县非禁养区养殖场（户）或合作社采取以下奖补方式：购买专业车辆，每辆5万元奖补；已安装在线监控系统的猪场，按运行费用的50%奖补；对粪污收集池按200元/米^{3}奖补，开展节水栏舍改造的按150元/米^{2}补助；鼓励种植户在本县购买使用有机肥，按照固态肥100元/吨、液态肥10元/吨奖补；对异位发酵床、沼液暂存池等其他配套设施改造的采取分项奖补。二是积极协调相关部门落实沼气发电上网标杆电价和上网电量全额保障性收购政策、生物天然气接入经营燃气管网、沼气和生物天然气增值税即征即退等相关政策。2018年4月印发《定南县2018—2020年农业机械购置补贴实施方案》（定府办发〔2018〕5号），按照“自主购机、定额补贴、先购后补、县级结算、直补到卡（户）”的原则，将畜牧机械、农业废弃物利用处理设备和其他机械共13大类26小类54个品目纳入农机购置补贴机具种类范围，补贴额依据同档产品上年市场销售均价测算，原则上测算比例不超过30%。

3. 工作方法 一是加快推进粪污收集全量化处理工作，推行第三方处理模式；二是支持养殖场（户）自行组织采购专业吸污车；三是创新建设岭北循环农业经济模式；四是全力推进节水改造；五是借鉴推广“温氏”模式，发展异位发酵床处理工艺；六是完善资源化利用系统建设；七是加强对规模养殖场的日常监管，年出栏生猪10 000头以上的规模养殖场必须自筹资金安装在线监控系统，通过实时监控和后台观测平台，实施全天候监督管控。

4. 部门协调 各级各部门职责分工，上下联动。乡镇严格落实属地管理责任，主要领导为第一责任人，建立健全“主要领导亲自抓、分管领导具体抓、干部包村包场”的工作机制。

三、推进措施

（一）规模养殖场

（1）推行第三方全量化收集处理模式 所有规模养殖场跟第三方公司签订粪污处理合同，规模养殖场按照规范标准和养殖规模建设粪污收集池，配套安装标准搅拌装置、吸污泵和三相电源设备，把达到标准要求的粪污（干物质浓度6%以上）交由第三方公司处理，由第三方公司及时用吸污车将粪污转运至集中处理站进行无害化处理，生产沼气用于发电，沼渣、沼液用于生产有机肥，实现资源化利用。

（2）全力推进节水改造 按照“源头减量、过程控制、末端利用”的发展要求，着力推广“三改两分再利用”技术，提倡免冲栏生产工艺，控制前端污水总量，减轻后端处理压力。鼓励养殖场（户）开展节水改造，包括雨污分离、清污分流（饮水器改造）和漏缝装置、机械刮粪。

（3）借鉴推广“温氏”模式，发展异位发酵床处理工艺 鼓励养殖场（户）与“温氏”合作，发展零排放养殖模式，签订十年以上合作协议。按照“温氏”要求，通过建造室外阳光棚，棚内设置粪污处理发酵床，按照常年存栏生猪（25 千克以上）1 头 0.2 米^3 床体体积建设，发酵床两边墙体高度 1.2 米以上，宽度 1.5 米以上，床体深度 0.65 米，配置翻耙机或小型铲车，将粪污收集到发酵床，经过发酵后制成有机肥，实现零排放（图 1）。

图 1　猪场异位发酵床-零排放养殖模式改造

（4）支持规模养殖场自行组织采购专业吸污车 养殖场（户）可以一家单独或者多家联合自行采购专业吸污车，将粪污运输到第三方公司处理，以降低运输成本，确保粪污全量化收集处理工作顺利开展。

（5）鼓励养殖场建设沼液暂存池、水肥一体化施肥管网系统 将沼液输送到果园、油茶林、林地、农田、蔬菜园、花卉苗木园、茭白产业园、能源作物种植基地等，按照“分片、分时段”灌溉原则，在不超过国家规定的畜禽粪污土地承载力标准前提下，进行资源化利用。

（6）加强大型规模场的日常监管 对年出栏生猪 1 万头以上的规模养殖场要求必须自筹资金安装在线监控系统，通过实时监控和后台观测平台，实施全天候监督管控，对猪场在线监控系统日常管理费用给予一定奖补。

（二）规模以下养殖场（户）

对规模以下养殖场（户）制定环保治理要求，按照干湿分离、雨污分离、清污分流、厌氧发酵等建设内容进行标准化改造。一是按存栏 4～6 头猪配套建设 1 米^3 沼气池或 1 头猪配备 1 米^3 沼气囊。二是按存栏 1 头猪配套建设 1 米^3 的防渗漏一级氧化沉淀池（沼液池）。三是按存栏 1 头猪配套建设 3 米^3 以上二、三级氧化沉淀池，池内实行水生植物种植和渔业套养。四是按存栏1头猪0.3米^{2}的要求建设发酵棚（干粪床）。五是做好雨污分离、清污分流。六是按存栏10头猪配备1亩种植用地，实现资源化利用。鼓励农户自主成立农保姆合作社，由合作社组织成立专业的沼肥施肥队伍，为各类种植业提供专业的沼肥施肥服务，对农保姆合作社购买的液肥喷施车给予一定奖补。

（三）第三方处理中心

引进正合绿色生态循环园项目，项目采用BOO模式，由企业投资、建设和运营，政府全程服务和监管（图2）。项目总投资1.26亿元，占地5 000亩，包括一平台（智慧农业平台）、两中心（养殖业粪污收集处理中心、科研中心）、三基地（能源生态农场基地、科普试验基地、果蔬生态农场基地）。2018年3月养殖业废弃物处理中心建成投产，包括1支专业吸污罐车队、1个2万米^{3}的特大型沼气站、1座沼气发电站和1座年产3万吨有机肥厂，年可处理养殖业废弃物40万吨，年产沼气800万米^3，年发电量2 000万千瓦·时，年产固体有机肥3万吨、液态肥30万吨，实现了资源化利用。建设能源生态农场，种植能源作物皇竹草500亩，皇竹草可每年收割5茬，一年亩产约15吨青草，可作牧草饲喂牛、羊，发展草地畜牧业，也可切碎作为原料投入发酵罐发酵产生沼气。通过种植皇竹草对岭北镇废旧稀土矿山进行荒山复绿变废为宝，同时为生产沼气提供原料，生产再生能源，实现资源化利用双循环种养新模式。

循环园区鸟瞰图

沼气工程

沼液运输

有机肥加工

图2　正合绿色生态循环园

（四）农牧结合种养平衡措施

定南县全面开展养殖业粪污第三方全量化收集处理，沼渣、沼液加工生产有机肥，实现变“污”为宝、变“废”为宝，绿色生态循环农业初步成形。一是以正合生态循环园为龙头，将养殖业粪污处理和能源、种植业紧密连接，覆盖全县11万亩油茶、6.1万亩果业、6.5万亩蔬菜等农业产业，确保所产生的沼渣、沼液全部得到有效处理，着力解决沼肥返林、返果、返田“最后一公里”的问题。二是创建能源生态农场基地。利用岭北镇废弃矿山种植1 000亩能源作物（皇竹草），为生产沼气提供原料，生产再生能源，达到治理修复目标。三是对重金属污染农田开展治理和修复试验。开展种植基地结构调整，将土壤改良和农田开展有机肥施用试点相结合，保障土地的可持续性利用安全，保证农作物产品质量安全。

四、实施成效

（一）目标完成情况

2018年定南县畜禽粪污综合利用率为97.09%，规模养殖场粪污处理设施装备配套率为96.83%。

（二）工作亮点

1. 加强领导，高位推动 一是领导重视。始终把整县推进畜禽粪污资源化利用作为一项民生工程高位推动，成立由定南县县长任组长、县政府分管领导任副组长、县相关单位及各镇主要负责人为成员的县畜禽养殖污染专项整治工作领导小组。2018年以来，县委、县政府主要领导召开工作调度会12次，县财政投入资金6 800万元开展畜禽粪污资源化利用。二是深入宣传。通过电视、广播及进村入户宣传等方式，全面宣传整县推进畜禽粪污资源化循环利用的目的、意义、政策，及时发布工作动态、典型做法，让畜禽粪污资源化循环利用工作家喻户晓，人人皆知，营造全县上下积极参与循环利用的浓厚氛围。三是部门联动。明确县、镇、村及职能部门、精准扶贫挂点单位工作职责，上下联动，全员参与，共治共赢。

2. 规范管理，源头控制 一是严格治理猪场。2016年出台《定南县生猪养殖污染整治和规范管理行动实施方案》，科学合理划定畜禽养殖禁养区，全面关停拆除禁养区养猪场，整治非禁养区脏、乱、差等环保不达标及规模较小的猪场，并严格按照规划限期做好场地平整及综合利用，改善农村人居环境。至2018年年底，全县累计关停拆除养猪场1 044家，拆除栏舍面积26.1万米^2。二是科学技术改造。按照“源头减量、过程控制、末端利用”的发展要求，对规模养殖企业大力推广“三改两分再利用”技术，提倡免冲栏生产工艺。鼓励养殖户与“温氏”合作，发展“异位发酵床-零排放”养殖模式。对规模以下养殖场（户）要求按照干湿分离、雨污分离、清污分离、厌氧发酵等建设内容进行标准化改造。2018年度农村猪场整治完成节水栏舍改造猪场11 000米^2，雨污分离166 350米^2。三是完善管网建设。鼓励养殖场（户）建设水肥一体化施肥管网系统，将沼液输送到农业种植基地。截至2018年年底，全县铺设管网8 500余米。

3. 创新模式，示范引领 一是创建基地。坚持“让专业的人来做专业的事”。2017年引进正合绿色生态循环园项目，建成首个国家级能源农场示范基地，示范引领我县畜禽粪污循环利用。二是循环利用。项目以农业循环经济理念为指导，以畜禽养殖场污染防治、生态环境修复和农业废弃物资源化利用为重点，采取“N2N”循环农业运营模式（将N家畜禽养殖场对接锐源大型沼气发电基地和有机肥厂，以这两个基地为核心纽带，再对接 N 家种植业户）推进资源化循环利用。三是融合发展。粪污生成沼气用于发电，产生的沼渣、沼液生产有机肥，用于发展种植业，有机肥替代化肥，减少农业面源污染，提升农产品质量，改善农村人居环境。四是环境修复。种植皇竹草对岭北镇废旧稀土矿山进行荒山复绿修复，开创了养殖业粪污资源化利用双循环种养新模式，探索出了一条“养殖—能源—种植”的农业循环经济发展新路。

4. 畅通路径，整县推广 一是加强前端粪污收集。制定出台《畜禽粪污资源化利用整县推进工作方案》，按照“先建后补”的原则，分类支持养殖场（户）、合作社建设粪污处理利用设施，推行第三方集中处理，第三方公司用吸污车将粪污转运至集中处理站进行无害化处理，养殖场也可自行采购专业吸污车将粪污运输到第三方公司处理。目前 112 家存栏 500 头以上规模猪场签订了粪污全量化处理协议。二是加大中端扶持力度。在政策、用地和项目资金等方面给予锐源公司大力支持，为锐源公司规模化沼气发电工程项目争取了 3 000 万元上级资金，核定了沼气发电项目上网电价为每千瓦时 0.589 元，15 年内享受补贴电价；还聘请了江西林业科学院经济林所，专门对油茶配方施肥进行研究指导，促进沼液有机肥的标准化生产。三是加快后端推广利用。财政专门拿出 300 万元资金，对购买锐源公司有机肥的种植主体、购买液肥喷施车的合作社给予一定资金奖补，组建了沼液专业合作社，为种植主体提供专业的有机肥施用指导和服务，有力地促进了有机肥的推广使用，降低了果菜茶基地的种植成本。

5. 强化监管，问责问效 一是全程严格监管。将定南县规模养殖场全部纳入粪污全量化收集处理范围，所有年存栏 500 头以上规模养殖场与第三方签订粪污全量化收集处理协议。对其配套设施运转情况实行常态化监管，年出栏生猪万头以上企业全部安装在线监测系统，有效掌握企业污水治理及排放情况。二是加大整治力度。对不配合专项行动的养殖场（户），及时下发整改通知书，督促按时整改到位。对拒不执行整改、造成恶劣影响的养殖场（户），依法依规取缔。全县立案查处生猪养殖企业“废水超标排放”等环境违法行为 8 起。三是严格工作考核。将整县推进畜禽粪污资源化利用工作列入当年党政班子年度综合考评，健全县、镇、部门、村四级联动机制，对工作推进较好的给予通报奖励，对未完成治理任务的领导干部不予提拔重用，对工作不落实、进展滞后的镇、村及部门严肃追责，限期整改。

（三）效益分析

1. 有效改善农村人居环境 项目按照安全、节约、高效、生态的理念，大力发展生态养殖，通过完善养殖场基础设施和污染物治理设施及综合服务体系，减少污物排放量，有效改善人居环境，降低动物疫病传播和人畜共患传染病的发生，提高农村的公共卫生水平。

2. 提升耕地地力 养殖业废弃物处理中心收集处理猪场粪污，产生的沼渣、沼液生产有机肥，用于全县种植业后有助于改良土壤结构、提高土壤有机质含量、提供作物养分、培肥地力，确保农作物稳产高产。

3. 节约能源 沼气工程是畜禽粪污资源化利用的重要手段之一，将沼气用于发电，可年节约标煤约 8 000 吨，减少二氧化碳排放约 20 000 吨。

4. 提升定南农产品品质 有机肥厂年产固态、液态有机肥 33 万吨，覆盖该县 8.7 万亩油茶基地、2.4 万果业基地、2.6 万亩蔬菜基地、3.6 万亩水稻，采用标准化生产，生产的果蔬、油茶、水稻等农作物不仅产量高，而且更具农家本色，原汁原味，形成了较好品牌效应，深受消费者青睐，推动了农业绿色发展。

5. 促进畜牧业可持续发展 定南县在大力推进畜禽标准化规模养殖的同时，不断探索畜禽粪污资源化利用机制和发展模式，通过畜禽粪污资源化利用整县推进项目的实施，大力推行种养结合，打通种养业协调发展关键环节，促进循环利用，变废为宝。加大对畜禽养殖废弃物处理和利用的支持力度，支持养殖场改善废弃物处理利用基础设施条件，鼓励养殖密集区域实行粪污集中处理，促进畜牧业与农村生态建设的协调可持续发展。

江西省樟树市

一、概况

（一）县域基本情况

江西省樟树市地处江西中部，鄱阳湖平原南缘，跨赣江中游两岸。樟树市地处江西“大十字架”生产力布局的“天心地胆”之位，自古就是“八省通衢、四会要冲”的水陆交通要津，距省会南昌76千米，属南昌1小时经济圈。2018年实现地区生产总值408.6亿元，比上年增长8.1%。全市规模以上工业企业221家，主营业务收入497.6亿元，增长13.4%。2018年，全市财政总收入60.02亿元，比上年增长8.5%。樟树是中国药都、全国百强县（市）、全国粮食生产先进县、全国生猪调出大县（市）、全国生猪优势区域县（市）。

（二）养殖业生产概况

1. 畜牧养殖和产业发展情况 生猪产业是樟树市养殖业支柱产业。经过多年的发展，目前已经形成了生猪养殖、饲料生产、生猪运销等一整套完整的产业体系链。牛、羊、家禽或其他畜牧产业所占比例较小。2018年，由于养殖污染整治的持续推进，全市出栏生猪72.5万头、存栏32.4万头，同比分别减少4.6%、5.2%；肉牛出栏7.4万头、存栏9.6万头，同比分别增长7.2%、3.3%；家禽出栏850万只、存栏360万只，同比分别减少3.5%、2.7%；羊出栏2.8万头、存栏1.4万头，同比分别增长3.7%、2.6%；水产品出产4.98万吨（其中，养殖产量43 020吨，捕捞产量6 800吨），同比增长0.02%。

2. 主要畜禽产业分布 生猪、肉牛养殖主要集中在吴城、经楼、观上、大桥、刘公宙、黄土岗、中洲、义成、昌傅、双金、店下等乡镇；羊养殖主要集中在昌傅、刘公庙、店下等乡镇；家禽养殖主要集中在吴城、经楼、刘公庙、义成、中洲、大桥、观上等乡镇，全市畜禽养殖区域分布明显。

3. 畜禽粪污产量测算情况 樟树市生猪总当量为80.3万头。经测算，全市生猪养殖粪便产生的总量为88.60万吨，污染物 BOD_5 2.17万吨，COD 2.24万吨，NH_3-N 0.17万吨，TP0.17万吨，TN0.39万吨。不同的生产方式和管理水平，其产生的废水排放量也存在较大差异。每头生猪养殖每天的废水排放量，采取干清粪工艺为5千克，采取水冲粪工艺为10千克；依据此标准（平均）测算，全市生猪养殖废水排放总量为267.76万吨左右。

（三）种植业生产概况

1. 农用地规模 2018年全市粮食种植面积84 555公顷，棉花种植面积237公顷，油料种植面积29 923公顷，中药材种植面积10 105公顷，蔬菜种植面积9 571公顷。

2. 种植业生产情况 2018年粮食总产量59.03万吨，增长0.1%，其中早稻产量25.17万吨，与2017年持平。棉花产量337吨，比上年增长0.6%；油料产量55 456吨，比上年增长5.9%；茶叶产量283吨，比上年增长1.1%；中药材产量16 929吨，比上年增长25.6%；水果产量10 171吨，比上年增长3.2%。

3. 县域土地承载力测算情况 樟树市有耕地面积193.65万亩（复种面积），以生猪当量计，稻田承载能力0.5，旱地承载能力1，其最大养殖量为145万头。根据测算，樟树市各类畜禽养殖场承载量为生猪40万～45万头，肉牛10万～15万头，家禽400万～800万只。

二、总体设计

（一）组织领导

为加强畜禽粪污资源化利用项目整县推进的组织领导，市委、市政府高度重视，成立樟树市畜禽粪污资源化利用整市推进项目领导小组，市长任组长，分管副市长和市委农工部部长为副组长，市政府办公室、发展改革委员会、农业农村局、财政局、生态环境局、自然资源局、审计局等部门主要负责人为成员的领导小组，确保畜禽粪污资源化利用试点工作顺利推进。领导小组办公室设在市畜牧水产局，由畜牧水产局局长兼任办公室主任。市畜牧水产局专业技术人员、市财政局和市发改委相关人员负责组织项目实施协调、资金拨付和监管及日常管理等。各项目实施单位成立项目实施工作组，负责项目的具体实施。

（二）规划布局

2015年8月，研究制定了《樟树市畜禽养殖区域规划方案》，作为畜禽养殖污染整治和畜牧业发展的重要指导。按照“区域化、园区化、规模化、生态化、长效化”的要求，坚持发展与治理并重、生产与生态兼顾的原则，坚持走“规模化、产业化、品牌化、生态化”发展之路，着力推动生猪产业转型升级，保障生猪产品安全供给，科学治理养殖污染，生猪产业呈现“量”与“质”同步发展的良好态势，畜禽粪污综合利用效果显著。

（三）管理原则

1. 源头控制，一场一策的原则 对规模养殖场严格环评审批，管住新建的；加强规模养殖场标准化改造，管好原有的；结合每个规模养殖场实际，指导其制定有针对性的畜禽粪污综合治理方案。

2. 突出重点，分类建设的原则 重点抓好规模养殖场的粪污综合治理和利用，按照不同畜禽品种、饲养规模和分布地域，分类探索粪污综合治理方式方法，科学确定无害化处理和资源化利用的综合治理模式。

3. 农牧结合，循环利用的原则 以种植业为依托，以沼气工程建设和有机肥加工为手段，积极引导畜禽养殖场和农户建立紧密结合、互惠互利的生产方式，打通畜禽粪污肥料化和能源化利用通道，努力实现区域内种养结合、资源循环利用。

4. 政府引导，企业主体的原则 采取以奖促治、以奖代补、先建后补等形式，扶持规模养殖场开展粪污治理和资源化利用，引导养殖企业自主进行综合治理，进一步加大养殖场对畜禽粪污资源化利用的投入力度。

（四）工作机制

1. 总体思路 牢固树立和贯彻落实创新、协调、绿色、开放、共享的发展理念，坚持生态优先，坚持政府支持、企业主体、市场化运作的方针，以“养殖规模化、生产标准化、废弃物利用资源化”为核心，统筹考虑全市种养规模、资源环境承载能力及畜禽养殖污染防治要求，坚持源头减量、过程控制、末端利用的治理路径，以沼气和生物天然气为主要处理方向，以就地就近用于农村能源和农用有机肥为主要使用方向，加快构建种养结合、农牧循环、可持续发展的格局。

2. 配套政策 一是出台畜禽粪污集中全量化处理管理办法，引进畜禽粪污处理企业，委托处理畜禽粪污。二是对沼气发电优先上网并享受相关补贴政策。三是利用市财政畜禽养殖污染防治专项资金、生猪调出大县和标准化示范场建设等项目补贴资金支持规模养殖场（养殖小区）粪污资源化利用工程建设。四是鼓励支持第三方专业处理（上海联农、杭州双益等）公司扩大处理范围，对第三方处理公司与处理养殖场粪污距离超过 40 千米的，超过里程数按每车 5 元/千米对第三方公司进行运费补贴。

3. 工作方法 一是明确治理技术路线，即“三改二分再利用技术”。二是按照不同的养殖规模，因场施策，采用不同的粪污处理和资源化利用模式。三是推广“养治分离”的第三方治理模式。四是采取先建后补、以奖代补方式，促进项目尽快实施和完成。

4. 部门协调 樟树市畜牧水产局牵头负责畜禽废弃物资源化利用工作，负责畜禽废弃物资源化利用技术指导，培育资源化利用的运营主体。市生态环境部门负责畜禽养殖污染防治的统一监管工作，对规模畜禽养殖场未依法进行环境影响评价的，未建设污染防治配套设施、自行建设的配套设施不合格的，或未委托他人对畜禽养殖废弃物进行综合利用和无害化处理的，依法查处。市发展和改革、国土资源、财政等部门根据各自职责，积极推动畜禽养殖废弃物资源化利用工作。各乡镇街道按照属地管理原则和畜禽养殖废弃物资源化利用的工作要求，落实监管责任，加强日常巡查监管，配合部门执法。

5. 项目统筹 积极整合中央、省、市、县级财政安排的用于农业生产和环境治理等方面的涉农资金，以及农业综合开发、现代农业发展基金等各方面项目资金，整合现代农业发展、基础设施建设、环境保护发展三大平台，进行统筹安排，对重点区域、重点环节集中投放，打造亮点，提高效益。充分发挥公共财政的导向作用，樟树市政府每年设立专项资金，用于养殖废弃物资源化利用奖补，引导畜禽养殖场积极争取上级环保、农业专项资金，PPP 社会资本用于养殖废弃物资源化利用。对各类专项资金有明确属性和用途的，在项目实施中实行“先建后补”；对农业技术推广应用、构建农业经营新体系等方面，实行“以奖代补”。同时，公开各类农业项目资金来源、建设标准、建设内容、建设规模、建设布局、建设目标和建后管理使用要求，接受社会监督。健全整合资金的监管工作制度，保证资金落到实处。

三、推进措施

（一）规模养殖场处理模式

年出栏500头以上规模养猪场，主要进行猪舍“三改二分”建设，即改水冲清粪或人工干清粪为漏缝地板下刮粪板清粪、改无限用水为控制用水、改明沟排污为暗道排污，采取固液分离、雨污分离等措施，畜禽粪便经塔式发酵机高温发酵后生产有机肥，养殖污水经过氧化塘等处理后浇灌农田。部分养殖场采用污水深度处理技术，通过高效厌氧和好氧相结合的工艺，提高养殖污水处理效果，实现达标排放（图1）。

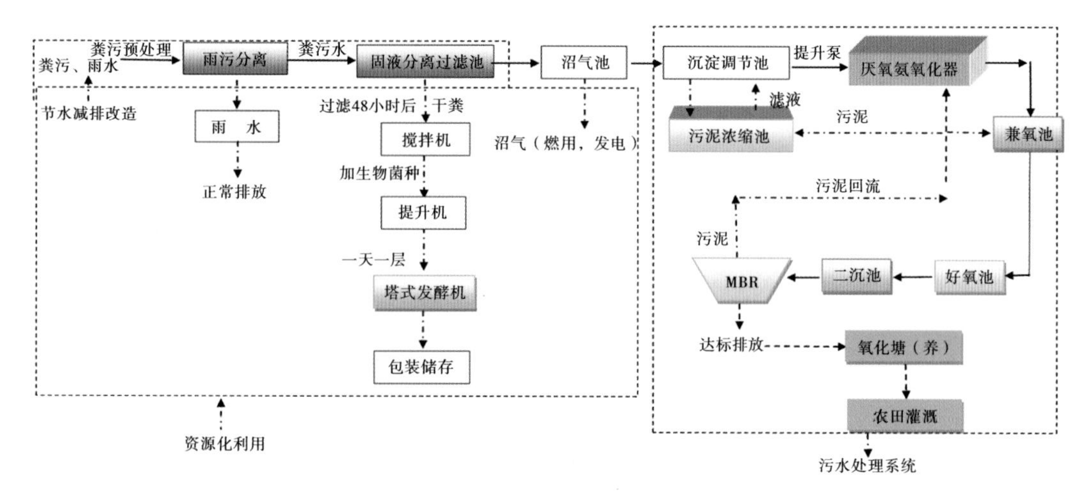

图1　畜禽粪污处理工艺流程图

所有规模化以上生猪、肉牛的养殖企业与养殖户，没有实施“三改二分”设施建设的均要实施，并要建设贮粪棚、干粪处理间、污水三级净化池、氧化塘等配套设施。规模在2 000头以上的生猪养殖场根据场区现状合理安排建设厌氧发酵沼气池、污水深度处理设施、氧化塘生物净化设施等。樟树市70%以上规模养殖场都是采用这种模式。

1. 建设内容　主要包括栏舍漏缝地板、雨污分流、碗式饮水器等改造，以及配备自动刮粪机、干粪发酵塔、沼气池、厌氧塔、生化处理池、沼气发电设备等（表1）。

2. 建设要求　漏缝地板面积占栏舍面积的1/3～1/2；污水管道必须与雨水沟分离，杜绝雨水混入污水；干粪发酵塔按每1 000头生猪存栏配套1米^{3}计算；沼气池按每头生猪存栏配套0.2～0.4米^{3}计算，生化池体积为日污水排放量的10倍以上。沼气池产生的沼气必须收集利用，不得直接排放到大气之中。每个猪场或每套设施除出水总口外，要配套一个日排量50倍以上的出水氧化塘，进一步促进生态养殖消纳或灌溉等资源化利用（图2）。

表 1　规模养殖场粪污处理及配套设施建设内容

序号	建设内容	相关要求
1	雨污分流改造、污水暗管、粪污运输管网	无泄漏，无雨水混入
2	漏缝地板（实际建设面积）	采用干清粪或刮粪板工艺
3	碗式饮水器	节水
4	干粪塔式发酵机	每千头存栏配套 1 米^3
5	沼气池、厌氧池	每头生猪存栏不少于 0.1 米^3
6	覆膜式沼气	大型猪场
7	生化池	每头存栏猪不少于 0.1 米^3
8	沼气发电设备	功率 50 千瓦以上
9	吸粪车（污泥车）	粪污运输
10	沼液储存池	种养结合利用

厌氧池

好氧池

图 2　规模化养猪场污水处理设施

（二）区域性粪污集中处理模式

主要在养殖场分布较集中的区域或村民委员会应用，开展整村集中处理模式（表 2）。建设一个畜禽粪污综合治理集中处理站，然后在各个猪场与处理站之间铺设粪污管道，将猪场粪污收集到处理站集中处理。距离较远的养殖场也可以配备运输车将粪污运输至处理站。处理站则委托专业公司运营管理，确保粪污的无害化处理和资源化利用，不会产生二次污染。吴城乡堆上村委 42 个生猪养殖场就是采取这种集中处理模式。

1. 建设内容　主要包括各覆盖养殖场的粪污输送管道和区域性粪污集中处理站的建设。区域性粪污集中处理站主要包括粪污收集运输设备、大中型沼气工程、沼气发电设备、有机肥加工设备等（图 3、图 4）。

2. 建设要求　区域性粪污集中处理中心必须对覆盖范围内养殖场的养殖粪污全量化集中收集，统一处理，做到无害化处理和资源化利用，沼气发电入网或供户。

表 2　区域性粪污集中处理设施建设内容

序号	建设内容	相关要求
1	雨污分流改造、污水暗管、粪污运输管网	无泄漏，无雨水混入
2	漏缝地板（实际建设面积）	采用干清粪或刮板粪工艺
3	碗式饮水器	节水
4	干粪塔式发酵机组	不少于 8 米^3
5	沼气池	大型沼气
6	生化池	每头存栏不少于 0.1 米^3
7	沼气发电设备	功率 50 千瓦以上
8	吸粪车（污泥车）	粪污运输
9	沼液储存池（氧化塘）	种养结合利用

图 3　塔式发酵机

图 4　有机肥加工

（三）生态异位发酵床模式

针对有条件的养殖场，推行异位发酵床零排放的治理模式（表 3）。异位发酵床主要通过发酵菌种在垫料和畜禽粪便中发酵作用，快速转化生粪、尿等养殖废弃物，消除恶臭，杀灭害虫、病菌等。采用该模式不需要对猪粪清扫排放，也不会形成大量的冲栏污水，因而没有任何废弃物、排泄物排出养猪场，实现了污染物“零排放”标准，大大减轻了养猪业对环境的污染。发酵床垫料在使用 1～2 年后，形成可直接用于果树、农作物的生物有机肥，达到循环利用、变废为宝的效果。樟树市有 5 个生猪养殖场（存栏 1 000～2 000 头）采用异位发酵床模式建设。

1. 建设内容　主要包括栏舍漏缝地板改造、节水饮水器改造、安装自动刮粪机、雨污分流改造、建设粪污暂存池、安装抽粪泵、建设粪便发酵车间、配备翻拌机械等。

2. 建设要求　漏缝地板面积占栏舍面积的 1/3～1/2；污水管道必须与雨水沟分离，杜绝雨水混入污水；粪污暂存池每 1 000 头存栏不少于 150 米^3，并做好防雨防渗；发酵车间每1 000头存栏栏舍不少于 400 米^2。

表 3　养殖场生态异位发酵床模式建设内容

序号	建设内容	相关要求
1	漏缝地板改造	采取干清粪工艺
2	节水碗式饮水器	铸铁等饮水碗
3	自动刮粪机	
4	粪污储存池	防雨、防渗
5	粪污池抽污泵	
6	发酵车间	顶高不低于 3.5 米
7	翻耙机械	

（四）第三方治理模式

由养殖场与第三方治污公司签订“第三方”处理协议，委托第三方公司进行粪污治理，第三方治理公司负责对养殖场粪污进行全量化处理，实现养殖粪污治理专业化、社会化、资源化运作模式。建立起长效的市场运行监管机制，通过“养治分离”的专业化、市场化治理，利用低成本建设运作模式对接养殖场，有效解决猪场治污难、监管难的问题。此举使养殖与治污相分离，养殖户不再需要从事自己并不擅长的粪污处理工作，仅需按照出栏数支付30 元/头的治污费用，政府相关部门负责对第三方公司的粪污处理效果进行监管，确保第三方治理取得成效。

（五）种养结合循环利用模式

主要与消纳基地进行种养一体化模式建设（表 4）。对周边配套农田、山地、果林或茶园充足的养殖场，养殖粪便通过沼气处理或氧化塘处理，处理后的肥水通过管道或沼液运输车辆输送浇灌农田，采用喷滴灌设施浇灌油茶、苗木，实现资源化利用和粪便污水“零排放”。所有规模化生猪、牛、羊养殖场应按本场实际情况实施种养结合农田消纳工程。

1. 建设内容　实施养殖粪污全量化有机肥利用，主要包括栏舍漏缝地板改造、节水饮水器改造、安装自动刮粪机、雨污分流改造、建设粪污储存池、建设沼气池、安装抽粪泵和水肥输送管道，按要求配套旱地种植基地。

2. 建设要求　进行栏舍漏缝地板改造、刮粪板安装、饮水节水器改造等减量化处理，完善雨污分流、干湿分离，按每 1 000 头生猪存栏建设干粪发酵棚（池）不少于 100 米^3，干粪必须做到发酵处理等无害化处理，厌氧（沼气）处理池（图 5）容积不少于 150 米^3，粪污（水）储存池不少于 450 米^3，配套种植基地不少于 500 亩。

表 4　种养结合循环利用模式建设内容

序号	建设内容	相关要求
1	漏缝地板改造	采取干清粪工艺
2	节水碗式饮水器	铸铁等级饮水碗

（续）

序号	建设内容	相关要求
3	自动刮粪机	
4	粪污储存池	防雨防渗
5	粪污池抽污泵	
6	干粉发酵棚	
7	水肥输送管道	不能有跑冒滴漏

图5　红膜沼气池

四、实施成效

（一）目标完成情况

樟树市畜禽粪污资源化利用项目从2018年开始实施，由于目标明确，措施有力，目前，项目完成大型沼气工程1个、集中处理中心1个、有机肥加工厂1个、管网建设130 140米、设施面积27 360米^2、设施容积168 662米^3、设备购置460台，项目总完成进度在90%以上。全市可养区的218家生猪养殖场全部完成粪污处理设施建设，11家牛、羊、家禽养殖场配套建设了粪污处理设施。全市畜禽粪污综合利用率达90%，设施装备配套率达100%。

（二）工作亮点

1. 工作机制创新

（1）推行“养治分离”　2016年，樟树市引进第三方粪污治理公司，在部分猪场开展“养治分离”粪污处理试点，目前“养治分离”试点项目运行良好，运行模式也逐步成熟。养殖户与第三方公司签订治污设施改造合同，设施改造完成后，设施运行由第三方公司负责，养殖户需承担30元/头的治污费。治污费每季度交付1次，养殖户先将治污费交至“整治办”，“整治办”验收该猪场设施运行正常，排污达标后再将治污费拨付给第三方治污公司。

（2）做好源头管控　对于未完善治污设施建设、排放不达标的养殖场，控制其养殖规模，存栏数做到只降不升，禁止新建或扩建栏舍。核定辖区内所有保留猪场的栏舍面积、存栏数、治污设施建设运行情况，并建立档案。根据栏舍面积、养殖工艺和设施处理能力测算猪场的养殖承载量，限制猪场养殖规模，并在猪场悬挂限养公示牌，不定期对猪场的养殖量进行核查。

（3）因地制宜，分类施策 针对中小规模养殖场，采用农牧结合的处理方式，配套足够的粪污消纳用地或与种植大户签订粪污使用协议，实现种养结合，粪污就近消纳，污水经过沼气厌氧发酵后直接用于田地林地施肥灌溉；对于有条件的养殖场，可以采用异位发酵床模式，以及漏缝地板、干清粪工艺，将所有粪污抽送至异位发酵床集中发酵生产有机肥，实现粪污零排放。针对大型规模养殖场，养殖量超过土地承载能力，难以配套足够粪污消纳用地的，借鉴工业化污水处理方法，采用达标排放模式。

2. 配套资金投入 在畜禽粪污资源化利用整县推进项目实施之前，樟树市即全力开展畜禽养殖污染整治，市政府投入1.05亿资金用于猪场整治和禁养区养殖场关停并转。项目启动后每年拿出1 000多万的资金用于支持养殖场粪污处理设施改造和资源化利用及病死畜禽无害化处理，确保整县推进项目的顺利实施。

3. 扶持政策创设 一是整合相关农业项目资金，加大对畜禽粪污资源化利用过程中的奖补。二是对于沼气发电设备、畜禽粪便有机肥加工设施设备建设给予奖补。三是对引进畜禽粪污资源化利用的三方治理公司享受引进工业项目的优惠政策和相应奖励。

4. 相关部门协同 樟树市畜牧水产局负责畜禽养殖发展规划布局、污染整治、督促指导、组织验收，履行全市畜禽养殖粪污综合利用的主管部门责任；市发展和改革委员会负责项目建设进度的监督指导和年度实施计划的落实；生态环境局负责畜禽养殖污染防治的统一监督管理，履行执法监督的主体责任；农业农村局负责畜禽养殖沼气项目建设、运营管理指导服务及种养结合、有机肥循环利用示范推广相关政策措施制定；市财政局负责资金的筹措和监管；各乡镇街道承担属地管理责任，负责督促辖区内非禁养区养殖场建设，完善养殖废弃物综合利用设施；市委办公室、市政府办公室、市纪律检查委员会负责对畜禽养殖粪污综合利用工作实行全过程行政效能考核问责；其他各有关部门按照各自职责，负责畜禽养殖粪污综合利用相关工作。

5. 运行管理措施 一是推行“养治分离”的第三方治理。由养殖场与第三方治污公司签订“第三方”处理协议，委托第三方公司进行粪污治理，第三方治理公司负责对养殖场粪污进行全量化处理，实现养殖粪污治理专业化、社会化、资源化运作模式。二是建立起长效的市场运行监管机制，通过“养治分离”的专业化、市场化治理，利用低成本建设运作模式对接养殖场，有效解决猪场治污难、监管难的问题。政府相关部门负责对第三方公司的粪污处理效果进行监管，确保第三方治理取得成效。三是落实以奖代补、先建后补措施，指导养殖场（户）加强设施设备的运行和维护，加强日常监督管理，确保项目建成后能长期有效运转。

6. 整县推进方法 一是政府重视，主要领导亲自过问，分管领导直接挂帅。先试点示范，再总结推广。二是分类指导，不搞一刀切，一场一策，因场施策，推进养殖污染治理和粪污资源化利用。三是组织专业技术人员加强指导。从农业、环境保护、水利等相关部门调专业技术人员，成立“畜禽粪污资源化利用办公室”常设机构，加强整县推进项目的具体指导和日常督促检查。

（三）效益分析

1. 经济效益 通过实施畜禽粪污资源化利用，畜禽粪便得到了有效利用，减少了环境污染。农田、果园、蔬菜、苗木花卉施用有机肥料，可确保农作物稳产高产，提高农产品品质，提高农产品经济效益；养殖场或周边农户使用沼气或沼气发电，可节省养殖场成本及农户家庭生活成本；用牛粪养殖蚯蚓，将粪便转化为可再生资源，可产生较高的经济效益。另外，出售沼液、沼渣，也可产生一定的经济效益。

2. 社会效益 项目按照“就地就近消纳、能量循环、综合利用”的原则，根据土地承载力，以县域为单位进行种养平衡分析，合理确定种植和养殖规模，种养业布局更加合理，基本实现畜禽粪便的综合利用。探索一条种植、养殖废弃物循环利用的综合性整体解决方案，实现县域种养业协调发展和农业生态环境整体改善，达到经济、社会、生态效益同步提高。通过项目示范，带动全市大力发展中药材种植，促进农业增效、农民增收。这对于加快区域现代农业建设，大力推广高效生态循环农业具有十分重要的意义。

3. 生态效益 项目实施根据区域内资源和环境的承载能力，在分析土地质量和潜力的基础上，实现了农业生产与资源和环境承载的平衡，切实保护生态环境，避免过度开发。通过项目建设，减少了农村面源污染，实现了资源利用最大化。农业生产上采用绿色、优质和有机农产品生产技术标准进行生产，大力利用畜禽粪便生产有机肥，减少农药、化肥施用，有效实现“一控、两减、三基本”要求，提高了土壤肥力和水体质量，保障了畜禽养殖的绿色生态及可持续发展，从而带来了良好的生态效益。

湖南省浏阳市

一、概况

（一）县域基本情况

湖南省浏阳市地处湘赣边界，隶属湖南省长沙市，处于长沙市、株洲市、湘潭市城市一体化金三角地带。属于湘东山区，地形为丘陵、山区，境内的浏阳河、捞刀河、南川河3大水系均为省会长沙湘江段上游重要的支流。浏阳总面积5 007千米^2，辖28个乡镇、4个街道，总人口149.38万人，距离省会长沙市区63千米、黄花国际机场40千米，2018年，全市实现地区生产总值1 342.1亿元，同比增长8.6%，主要经济指标增速稳居长沙各区（县市）前列，县域经济和县域综合发展全国百强排名跃居第13位，成为中西部地区唯一的“竞强争优”范例，获评“中国全面小康十大示范县市”和“美丽中国典范城市”。

（二）养殖业生产概况

1. 畜牧养殖和产业发展情况 浏阳市是传统养殖大县、全国生猪生产百强县、全国生猪调出大县、全国农产品质量安全示范县。2018年度全市生猪存栏61.5万头，牛存栏3.32万只，羊存栏29.36万只，家禽存栏487.56万只。2018年度全市出栏生猪155.13万头、肉牛2.15万头、山羊51.68万只，出笼家禽1226万只。现有省部级畜禽标准化示范场20家，取得《种畜禽生产经营许可证》15家。截至2018年年底，有年出栏生猪50头以上或相当于年出栏生猪50头以上的各类养殖场（户）5 139家，其中年出栏生猪500头以上或相当于年出栏生猪500头以上的各类规模养殖场245家，规模化比重达到71%。

2. 主要畜禽产业分布情况

（1）生猪 以葛家、枨冲、普迹、镇头、淳口、古港等乡镇为生猪养殖发展带。

（2）牛、羊 以龙伏、永和、普迹、官桥等乡镇为肉牛养殖发展带；以大围山、达浒、沿溪、官渡、永和、古港、高坪、淳口、沙市、中和、枨冲等乡镇为浏阳黑山羊养殖发展带。

（3）家禽 以葛家、枨冲、普迹、官渡、龙伏等乡镇为家禽养殖发展带。

（4）蜂 以大围山、张坊、小河、沿溪、达浒、官渡、永和、古港、高坪、淳口、蕉溪、洞阳、龙伏、社港、文家市和中和等乡镇为中蜂养殖发展带。

3. 畜禽粪污产量测算情况 参照国家生态环境部推荐的畜禽日排泄系数和粪污中污染物含量系数，按照2018年年底畜禽存栏数估算，年产畜禽粪污总量约258万吨（表1、表2）。

表 1　畜禽粪便排泄系数

项目	单位	牛	猪	鸡	鸭
粪	千克/天	20.0	2.0	0.12	0.13
	千克/年	7 300.0	398.0	25.2	27.3
尿	千克/天	10.0	3.3	—	—
	千克/年	3 650.0	656.7	—	—
饲养周期	天	365	199	210	210

表 2　畜禽粪便中污染物平均含量（千克/吨）

项目	COD	BOD	NH_3-N	总磷	总氮
牛粪	31.0	24.53	1.7	1.18	4.37
牛尿	6.0	4.0	3.5	0.40	8.0
猪粪	52.0	57.03	3.1	3.41	5.88
猪尿	9.0	5.0	1.4	0.52	3.3
羊粪	4.63	4.10	0.80	2.60	7.50
羊尿	—	—	—	1.96	14.0
鸡粪	45.0	47.9	4.78	5.37	9.84
鸭粪	46.3	30.0	0.8	6.20	11.0

（三）种植业生产概况

1. 农用地规模　2018 年年末耕地保有量 115 万亩，其中水田 102 万亩、旱地 13 万亩。划定 83.8 万亩水稻生产功能区、39.92 万亩油菜籽生产保护区。

2. 种植业生产情况　2018 年粮食种植面积 114 万亩；油菜籽、花生、芝麻等油料作物（不包括油茶）面积 46.4 万亩，产量 5.2 万吨；蔬菜面积 59.7 万亩，产量 128.1 万吨；水果种植面积 16.8 万亩，产量 20 万吨，产值 7.2 亿元；种植烤烟 4.3 万亩，茶叶 5 万亩。发展高档优质稻示范栽培 22 万亩、再生稻 5 万亩、旱杂粮 11.2 万亩，发展稻蛙、稻鸭、稻虾、稻鳖模式等 4 万余亩。浏阳市是“中国油茶之乡”“中国花木之乡”“全国花卉苗木生产示范基地”和“全国无检疫对象种苗繁育基地”；2016 年获评“国家农产品质量安全示范县”。2018 年，油茶面积 78 万亩，油茶籽产量 5.8 万吨，产值 8.4 亿元；花木 17.8 万亩，包括切花切叶 100 万支、盆栽植物 400 万盆、观赏苗木 160 万株、草坪 180 万米^2，产值 16.5 亿元。

3. 县域土地承载力测算情况　截至 2018 年年底，浏阳市生猪存栏 61.5 万头，牛存栏 3.32 万头，羊存栏 29.36 万只，家禽存栏 487.56 万只。该市 2018 年年底的畜禽氮（磷）排泄量约为 103.77 万个猪当量。

根据《畜禽粪污土地承载力测算技术指南》浏阳市县域土地承载力约为 366.92 万头猪当量。

二、总体设计

（一）组织领导

成立浏阳市畜禽粪污资源化利用整县推进项目建设工作领导小组，由市委副书记、市长任组长，副市长任副组长，市政府办公室、财政局、市农业发展事务中心、国土资源局、农业农村局、林业局、生态环境局、河长办公室等单位相关分管负责人为成员，全面负责项目建设的协调指导和监督管理。领导小组下设办公室，领导小组办公室设在市农业发展事务中心，由中心负责同志任办公室主任，负责项目建设日常工作。

（二）规划布局

1.《浏阳市国民经济和社会发展第十三个五年（2016—2020年）规划纲要》 科学调整畜禽养殖禁养分区，依法关闭或搬迁禁养区内畜禽养殖场所。大力推广生物农药、有机肥料和测土配方肥料，推广无公害种植技术和生物净化技术，降低农业面源污染。

2.《浏阳市“十三五”农业发展规划》 充分考虑资源禀赋、环境容量和自然灾害等因素，科学划定畜牧业禁养区。紧密结合新农村建设，规划建设与村民生活区分离、与种植区协调的养殖小区。推广畜禽养殖废弃物资源化利用新模式。按照“减量化、无害化、资源化”的原则，鼓励、引导养殖户（企业）推行干清粪处理工艺，做好雨污分流、干湿分离改造。鼓励在畜产品优势产区配套发展沼气发电、有机肥加工等产业，大力推广种养平衡、农牧互动、生态循环、环境友好的产业发展模式。

3.《浏阳市“十三五”养殖业发展规划》 到2020年，培育和扶持产业化龙头企业2家以上，建设标准化生态环保养殖示范场20家以上，生猪、家禽养殖规模化比重80%以上，规模养殖场配套养殖粪污处理设施比例100%，养殖废弃物综合利用率95%以上；鼓励自建或合作建设生物转化中心、有机肥加工厂、农业废弃物综合利用服务站等第三方治理主体，构建并完善养殖废弃物无害化处理、资源化利用长效机制。支持发展农牧结合、林牧结合等种养平衡循环农业模式，鼓励养殖企业与种植、林业企业合作建设“田、林、果、菜”生态基地，消纳经有效处理的养殖废弃物。

（三）管理原则

浏阳市农业发展事务中心、财政局为项目实施牵头单位。各成员单位以及乡镇（街道）根据目标任务和项目安排，认真制定工作细则，按照分类管理、分级管理的原则，对目标任务进行分解，列入本单位年度工作计划，将畜禽粪污资源化利用各项任务落实到具体单位，搞好部门之间、上下级之间的协调工作，统筹安排项目的组织落实工作，确保项目目标有计划、有步骤地完成。

（四）工作机制

1. 总体思路 以新发展理念和绿色生态为导向，坚持政府主导、企业主体、市场化运作，以确保源头减量、过程控排、末端利用为核心，重点支持以农用有机肥和农村能源为重点的区域性畜禽粪污处理利用中心（有机肥加工、黑水虻养殖生物转化、沼气工程等）及收集体系建设，加快推进规模养殖场节水工艺改造和粪污资源化利用配套设施建设，基本建成畜禽粪污资源化利用整体解决和长效运行机制，最终实现生产发展与环境承载力相适应的现代化生态畜牧业格局（图1）。

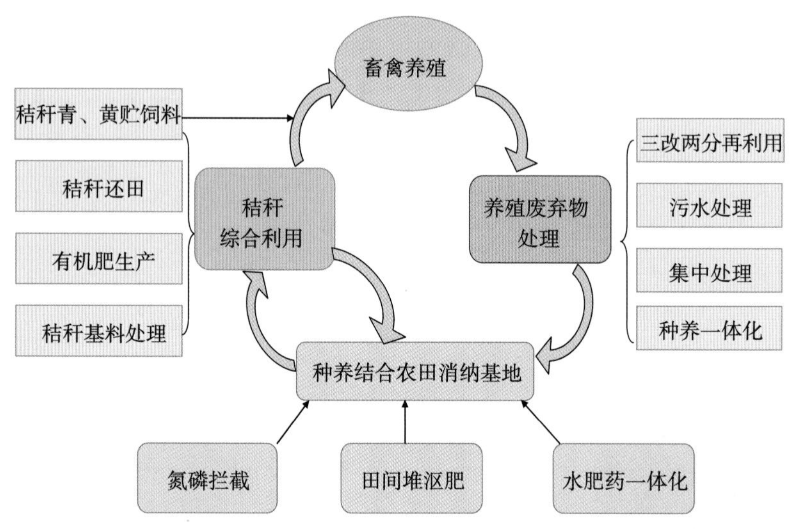

图1　区域生态循环农业模式示意图

2. 配套政策及部门协调

（1）加强依法行政　明确农业农村、生态环境、国土资源等相关部门工作职责，加强对养殖用地及养殖生产管理、养殖环境保护的监督管理，规范养殖生产经营行为，严厉打击违规建设、手续不齐、直排或超标排放粪污的养殖场（户），有序推进禁养区规模养殖场（户）退出或搬迁工作。优化政府服务流程，简化规模养殖场（小区）建设审批程序，开辟一站式审批绿色通道，引导畜禽养殖场（小区）向标准化生态环保模式转型。

（2）加大资金投入　畜禽粪污资源化利用项目本级配套资金和相关工作经费由市财政统筹安排，并纳入年度财政预算。整合涉农项目资金，支持标准化生产设备、养殖废弃物综合利用设施、防疫基础设施等建设和改造；将干湿分离机、有机肥生产设备等专业设施设备纳入农机购置补贴目录，对建设有机肥加工企业、生物转化中心（黑水虻）、使用有机肥的种植基地（单位）等给予适当补贴或奖励，充分发挥政策杠杆的撬动作用。多途径融合资源，支持发展标准化养殖、种养平衡循环农业和畜禽粪污资源化利用。

（3）加大金融支持　“量身定制”信贷支持模式，运用“财银担”“财银保”“贷款贴息”等方式，增加资金有效供给。严格落实各项畜牧产业政策性保险，提高能繁母猪和育肥猪参保率，实现病死畜禽无害化处理全覆盖。

（4）完善规划方案　《浏阳市畜禽养殖污染综合防治工作方案》（浏政办函〔2017〕41号）坚持生态优先、科学发展，问题导向、综合防治，统筹推进、属地管理原则，以强化非禁养区养殖产业规划监管，分区施策、系统防治养殖污染为主要手段，以关停或搬迁禁养区规模养殖场（户）为辅助措施，加快淘汰粗放散养模式，推广标准化生态养殖和种养平衡等先进模式，建立健全养殖废弃物资源化利用体系，最终形成生产发展与资源环境承载力相适应的生态养殖产业格局。

（5）加大科技投入，提高治理实效 将畜牧业和整个大农业生态系统高度融合，以土地消纳为基础，采取独立处理、复合回收、循环共生、远程监控的现代综合利用技术，加大对其新技术、新设备引进、开发的资金投入力度，通过示范筛选推广。

3. 工作方法

（1）源头控制，一场一策 严格执行养殖场程序审批制度，督促现有养殖场（户）限期办理环境影响评价手续，支持其加强标准化改造和粪污资源化利用配套设施建设，根据每个规模养殖场实际，指导其制定有针对性的畜禽粪污综合处理利用方案。

（2）突出重点，分类建设 重点抓好规模养殖场粪污综合处理和利用，按照不同畜禽品种、饲养规模和分布地域，分类探索粪污综合处理利用方式方法，科学确定无害化处理和资源化利用模式。

（3）政府引导，企业主体 采取以奖促治、以奖代补等形式，扶持规模养殖场开展粪污资源化利用，引导企业自主进行综合治理，进一步加大对第三方畜禽粪污资源化利用企业（区域性畜禽粪污处理利用中心）的政策引导和支持力度。

（4）分工协作，分级管理 浏阳市农业发展事务中心具体负责项目实施和技术指导等；市财政局负责本级配套资金的统筹安排和拨付，项目实施过程和资金使用方面的监管，相关财政奖励、补贴资金的保障等；市自然资源局负责协调项目用地等；市农业农村局负责落实种植基地施用有机肥补贴、畜禽粪污资源化利用设备农机购置补贴等相关政策，加强粪肥还田利用技术指导等；市林业局负责粪肥还林、还果利用技术指导等；市生态环境局负责畜禽规模养殖场环境影响评价手续办理，加强养殖污染执法监管工作等；乡镇人民政府（街道办事处）负责按照属地管理原则，严格把好畜禽养殖发展关，坚决遏制“先污染，后治理”现象发生，切实把畜禽禁养和污染防治管理相关规定列入《村规民约》，开展村民自治。

（5）种养结合、循环利用 以种植业为依托，以沼气工程建设和有机肥加工为手段，积极引导畜禽养殖场和种植基地建立紧密结合、互惠互利的生产方式，打通畜禽粪污肥料化和能源化利用通道，努力实现区域内种养结合资源循环利用。

三、推进措施

（一）规模养殖场

1. 建设目标 对现有228家规模养殖场（户）的节水养殖工艺和设备、粪污资源化利用配套设施进行升级改造。项目建成后，畜禽粪污综合利用率和粪污处理设施装备配套率均达到100%。

2. 扶持政策

（1）扶持对象 在浏阳市域畜禽养殖非禁养区范围内，年出栏生猪500头以上或栏舍面积360米^{2}以上、年出栏肉牛100头以上、年存栏蛋鸡10 000只以上、年出栏肉鸡30 000只以上、年出栏肉羊500只以上的畜禽规模养殖场、养殖小区和养殖专业合作社等。

（2）扶持范围 养殖栏舍改造，包括雨污分流管网设施改造、节水设备改造（饮水碗）、粪沟改造（漏缝地板和刮板清粪系统）等；粪污处理设施改造，包括干粪棚、农家肥堆沤池、沼气池、沉淀池和沼液储存池及其连接管道设施建设和购置干湿分离机等。

（3）扶持标准 规模养殖场粪污资源化利用工程实施“一场一策”，根据项目实施单位养殖规模和污染防治需要，建设相应的粪污处理和资源化利用设施，单个项目扶持资金不超过项目建设投资总额的40%（干湿分离机按50%标准进行扶持），根据项目实施运行效果和验收结论确定扶持金额，单个项目扶持资金最高不超过50万元，项目建设投资额由第三方会计师事务所审定。

（二）乡镇粪污收集站

1. 建设目标 建设20个乡镇粪污收集站，由长沙市级统筹安排20万元/个，实行第三方粪污配套平台管理制度。在长沙市的统一领导、安排部署下，严格按照上级要求，建设市级网络化服务体系，重点开展畜禽粪污资源化利用网站、服务监管平台、数据库、服务站（社）等内容建设。

2. 扶持措施

（1）扶持对象 在浏阳市域依法注册登记从事畜禽粪污收集、运输等业务，并与畜禽养殖场、种植消纳基地、有机肥加工厂、黑水虻养殖生物转化中心及大型沼气工程等签订畜禽粪污收集、运输和消纳合同，且有详细的畜禽粪污收集、运输和消纳台账记录的农业废弃物综合利用服务站（图2）。

（2）扶持范围 包括吸粪泵、粪污密封运输罐车等。

（3）扶持标准 单个项目扶持资金不超过项目建设投资总额的50%，单个项目扶持资金不超过10万元，项目建设投资额以第三方会计师事务所审定的金额为准。

图2 黑水虻生物转化中心

（三）第三方处理中心

1. 建设目标

①以农用有机肥为重点，新建或改扩建区域性粪污集中处理利用中心8家（其中，有机肥加工厂4家、黑水虻养殖生物转化中心4家），包括粪污收集体系和贮存、处理、利用设施等建设，推行专业化、市场化运行模式，分区收集和集中处理解决中小养殖场（户）畜禽粪污等。项目建成后，年处理畜禽粪污55万吨以上，生产有机肥17万吨以上、活体昆虫蛋白1.35万吨，促进了畜禽粪污转化增值。

②以农村能源为重点，支持2个规模养殖场新建或改扩建大型沼气工程，兼顾清洁能源和有机肥生产，实现“三沼”充分利用，为本场和周边居民提供沼气等新能源。项目建成

后，年处理畜禽粪污 7.3 万吨，年产沼气 25.6 万米^3、发电 24.9 万千瓦·时。

2. 扶持政策

（1）有机肥加工厂

①扶持对象：在浏阳市域依法注册登记从事畜禽粪污资源化利用的企业。如，湖南湘晖农业技术开发有限公司是集科研、生产、销售于一体的育苗及有机肥生产企业，年产 2 万吨有机肥有机基质，每年处理畜禽粪污等农业废弃物 3 万余吨，以浏阳市花卉苗木、蔬菜、水果、烤烟等特色优势种植产业为依托，打通畜禽粪污肥料化和能源化利用通道（图 3）。浏阳市宏尚生物科技有限公司利用黑水虻养殖生物转化畜禽粪污等废弃物，日处理畜禽养殖废弃物设计能力达 80 吨，可生产有机肥 15 吨、高蛋白饲料 8 吨，有机蔬菜试验示范推广基地 50 亩，黑水虻养殖青蛙 70 亩，鱼菜共生 30 亩；流转林地 200 亩，利用黑水虻进行土鸡饲养。

②扶持范围：有机肥加工厂建设，包括原料库、辅料库、原料混合车间、发酵及陈化车间、加工车间、成品库、综合用房、有机肥加工设备、除臭设备等。黑水虻养殖生物转化中心建设包括粪污收集点（粪箱）、粪污处理车间、养殖车间、成品加工车间、成品仓库、综合用房、除臭设备等。

③扶持标准：根据项目实施运行效果和验收结论确定扶持金额，单个项目扶持资金不超过项目建设投资总额的 30%，单个项目扶持资金最高不超过 200 万元（项目投资总额超过 2 000万元，可另给予贴息贷款扶持，扶持资金不超过 100 万元），项目建设投资额以第三方会计师事务所审定的金额为准。

图 3　湖南湘晖农业技术开发有限公司有机肥工程

（2）大型沼气工程

①扶持对象：年出栏生猪 2 000 头以上，发酵罐容积 500 米^3 以上的规模化大型沼气工程。项目选址、环境保护、防疫等条件符合当地环境保护要求和畜牧业发展规划。

②扶持范围：包括建设集污池、进料池、进料泵房、发酵罐以及沼气发电设备和智能监控系统等。

③扶持标准：单个项目扶持资金不超过项目建设投资总额的 50%，单个项目扶持资金不超过 100 万元，项目建设投资额以第三方会计师事务所审定的金额为准。

（四）农牧结合种养平衡措施

1. 建设目标　结合浏阳“全国花卉苗木生产示范基地”和柏加花卉苗木、大围山水果、沿溪蔬菜等乡镇特色农产品优势及湖南省先进烟叶种植基地的特点，按照种养匹配原则配套粪污消纳用地，或者采取养殖场与种植基地对接方式，全市遴选 17 家种植消纳示范基地（30 542 亩），推广生物有机肥施用，建立沼液异地配送机制，采用“猪—沼—果”“猪—沼—茶”“猪—沼—菜”“猪—沼—烟”等种养结合模式，带动 20 万亩以上种植基地消纳以畜禽粪污为原料的农用有机肥或沼液肥，实行区域内种养循环。

2. 扶持措施

（1）扶持对象 在浏阳市域与农业废弃物综合利用服务站对接的花卉苗木、蔬菜、水果、烟草等种植基地，并与之签订了畜禽粪污资源化利用消纳合同，建立了完善的粪污消纳记录台账。

（2）扶持范围 包括沼液输送管网、沼液储存池建设等。

（3）扶持标准 结合与对接的农业废弃物综合利用服务站所签订的畜禽粪污资源化利用消纳合同、登记消纳台账（粪污吨位及车次）给予扶持。单个项目扶持资金不超过项目建设投资总额的 50%，单个项目扶持资金不超过 10 万元，项目建设投资额以第三方会计师事务所审定的金额为准。

四、实施成效

（一）目标完成情况

项目建成后，浏阳市畜禽粪污综合利用率达到 90%以上，规模养殖场粪污处理设施装备配套率达到 100%，粪污收集、储运、资源化利用等相关扶持政策和终端产品补贴政策体系渐趋完善，养殖区域布局、农牧结合和种养循环等可持续发展模式进一步优化，有机肥替代化肥比例进一步提高，以政府支持、企业主体、市场化运作的可持续发展机制基本形成。项目建设指标见表 3。截至 2019 年 9 月直联直报系统统计数据，该市规模养殖场粪污处理设备装备率、粪污资源利用率分别达到 93.57%、92.33%。

表 3 浏阳市畜禽粪污资源化利用整县推进项目建设指标（%）

指标名称	基本值（2017 年）	目标值（2020 年）	变化值
全市畜禽粪污综合利用率	76	90	14
规模养殖场粪污综合利用率	85	95	10
规模养殖场粪污处理设施装备率	92	100	8
畜禽规模养殖比重	71	80	9

（二）工作亮点

1. 工作机制创新 为扎实做好浏阳市畜禽资源化利用整县推进项目，根据项目进度安排以及中央财政资金到位情况，对该项目进行分批实施，第一批实施时间为 2018 年 8 月至 2019 年 6 月 30 日；第二批于 2019 年 10 月开始实施。

同时，为做好该市 2019 年第一批畜禽资源化利用整市推进项目的验收工作，充分考虑项目建设主体多、建设内容多且每个建设主体的建设内容不尽相同、中央资金审计要求高等特点，以及非洲猪瘟防控对验收工作的影响等情况，最大限度减少对养殖户的影响，决定采取项目投资审计、现场核实验收和资料审查相结合的方式进行验收。由该市配套资金聘请的第三方工程造价咨询公司对项目单位的工程造价和设施设备采购价格进行项目投资审计；由市农业发展事务中心牵头组织财政、环境保护、农业农村等单位，与乡镇政府（街道办事处）一起共同组成联合验收组开展验收。

验收组对照项目批复的建设内容，逐个进行验收并出具验收结果，对验收合格的项目单位，由第三方公司出具造价咨询意见（报告），经公示无异议后，再进行资金拨付，对验收不合格的项目单位，限期整改，完成整改后，再次验收。

2. 扶持政策创设 浏阳市境内有浏阳河、捞刀河、南川河三大水系，水系网络发达，为强化水资源管理，落实节水优先相关政策，在项目推进过程中大力推行畜禽节水设备的升级改造，新型节水设备较老式鸭嘴式饮水器节水 2/3 以上。

浏阳市每年稻、菜、果、茶、苗木等种植总面积超过 300 万亩，有机肥施肥面积约 20 万亩，推行种养结合、提高有机肥取代化肥比例，市场空间巨大。浏阳市地形为丘陵、山区，湿度较大，畜禽粪便含水量高，为解决实施种养平衡养殖户的畜禽粪污资源化利用问题，该市加大了对养殖场（户）、专业合作社配备干湿分离机、吸污泵、沼液输送管网的扶持力度，干湿分离处理后的畜禽粪便含水量降至 60%左右，实现了“手捏成团、松手即散、抗袋上肩、便于施撒”的目标。同时，重点扶持了几十家水稻、蔬菜、苗木等种植基地配备沼液运输密罐车，建设沼液贮存池、输送管网及沼肥一体化设施，打通畜禽粪污资源化利用的“最后一公里”，以便捷末端利用途径，不断引导提升有机肥使用比例，逐步带动该市 40 万亩种植基地消纳以畜禽粪污为原料的农用有机肥或沼液肥。

3. 运行管理措施 由浏阳市农业发展事务中心、市财政局下发文件，要求各乡镇（街道）明确一名项目分管领导和项目工作专干，根据属地管理原则，积极组织和指导本辖区内符合条件的畜禽规模养殖场申报项目；同时，对项目单位的申报材料进行初审把关。对规模养殖场粪污资源化利用和社会化服务站及种植消纳基地建设项目，由各乡镇（街道）统一组织第三方设计公司进行建设工程项目图纸设计并聘请有资质的监理员进行工程监理；对有机肥加工厂、黑水虻养殖生物转化中心及大型沼气池建设项目的项目设计、项目招标、项目施工和项目监理等事项，要求各项目单位依法依规按要求进行；所有项目工程投资审计和设施设备采购造价咨询由市农业发展事务中心统一聘请第三方工程造价咨询公司（或会计事务所）承担。项目验收由市农业发展事务中心、财政局、乡镇（街道）政府和监理员联合进行。

同时，大力推进畜禽粪污资源化利用网络化服务体系建设（图 4）。在长沙市原有建立的农业废弃物综合利用服务站的基础上，再“升级一批，发展一批”，争取实现各养殖大镇至少配备一个农业废弃物综合利用服务站，通过补贴粪污密封运输罐车购买费用及运行费用的方式，扶持其与畜禽养殖场（户）、种植消纳基地、有机肥加工厂、黑水虻养殖生物转化中心等签订畜禽粪污收集、运输和消纳合同，通过落实畜禽粪污收集、运输和消纳台账登记制度及装配畜禽粪污资源化利用远程可视化监控系统的措施，打通畜禽粪污资源化利用流通环节，实现畜禽粪污资源化利用收集－转运－利用流通的网络化体系良性运作。

图 4　浏阳市畜保宝信息平台

（三）效益分析

1. 经济效益　畜禽粪污资源化利用变废为宝，实行种养结合、循环利用的生态农业模式，大大提升了经济效益。

（1）节约养殖成本　通过节水工艺改造，每头猪平均每天可节约用水 10 千克，饲养周期按 200 天计算，出栏 1 头育肥猪可节水 2 吨，节水改造的养殖场年出栏生猪 30 万头，共节水 60 万吨；按抽 1 吨水用电 0.75 千瓦·时、每千瓦·时电费 0.6 元计算，年可节约养殖成本 27 万元。

（2）节约种植成本　通过建立 17 家粪肥种植消纳示范基地，带动发展 20 万亩以上种植基地。按每年新增 10 万吨有机肥替代化肥计算，可减少 1.1 万吨化肥施用量，若每吨化肥 1 600 元，可节约种植成本 1 760 万元；通过增加水稻、蔬菜、苗木等种植基地粪污消纳能力建设，不仅可减少化肥用量，还可提高农产品质量，实现生态种植、节本增效。

（3）新增产值　通过项目实施，每年新增 10 万吨有机肥生产能力，按每吨 800 元计，可新增产值 8 000 万元，有机肥加工企业新增效益 1 600 万元以上；新增沼气池 2 000 米^{3}，加上对现有 9 个大型沼气工程提质改造，每年可新增沼气产量 80 万米^{3}，按每立方米 2.5 元计，可新增效益 200 万元以上。

2. 社会效益　循环生态农业的持续发展，壮大了养殖业发展，也带动了周边农民致富，助推了乡村振兴战略的实施。畜禽粪污利用、农牧结合、种养循环、以养促种，有效改善了农村人居环境环境，提高了农民健康水平和科技意识，引导农民从传统农业中走出来，采用先进技术，讲究标准管理、规模经营，增强持续发展意识。本项目的实施，带动了更多农户从事生态种植、养殖业及其产业化经营，预计可创造就业岗位 1 000 个以上。通过产业链带动，种植与养殖业上下游发展迅速，增加了农副产品加工、物流就业机会。通过环境治理，浏阳市全域旅游环境得到改善，促进农户参与到各服务业中，可间接增加就业机会 1 万人以上。

3. 生态效益　传统常规农业已成为污染环境、破坏生态的重要源头，耕地质量提升、农业面源污染（化肥农药、畜禽粪便、农用塑料薄膜等）治理等也逐渐引起了社会的持续关注，这些都有待于运用生态循环农业、绿色农业、精准农业来解决。

重庆市铜梁区

一、概况

（一）县域基本情况

重庆市铜梁建县于唐长安四年（公元 704 年），因境内“小铜梁山”而得名，2014 年 5 月经国务院批准同意撤县设区。地处渝西地区几何中心，位于重庆和成都两个特大城市的中轴线上，距重庆主城 40 千米、成都 200 千米。面积 1 340 千米^2，辖 28 个镇（街道），总人口 85 万人。铜梁区位优越，位于成渝城市群中轴线上，是重庆大都市区重要组成部分，距大学城仅 25 千米。近年来，铜梁的经济社会发展有了长足进步。2018 年实现地区生产总值 456.98 亿元。2019 年上半年，全区实现地区生产总值 231.92 亿元，增长 9.1%。先后获得中国人居环境（范例奖）城市、中国最具幸福感城市、国家园林城市、国家卫生城市和全国十佳生态文明城市等称号。

（二）养殖业生产概况

近年来，铜梁区紧紧围绕生猪、家禽、草食牲畜“三大产业”和畜产品加工、无公害畜产品供应“两大基地”建设，充分利用种养业资源和产品可循环利用特点，推行种养结合产业发展模式，促进废弃物资源化利用，对畜牧业发展进行多轮调整和升级，使产业发展有了较好的发展基础与保障，其中生猪产业主要分布在平滩、永嘉、虎峰等镇，家禽产业主要分布在虎峰、大庙、围龙等镇，肉兔产业主要分布在土桥、太平、大庙等镇。全区常年存栏 20 头猪当量及以上畜禽养殖场（户）共有 1 172 家，其中，200～3 999 头猪当量的养殖场有 485 家、4 000 头猪当量以上的养殖场有 8 家，全区畜禽粪污总产量约 150.3 万吨，据统计局年报，该区 2019 年上半年，生猪出栏 18.27 头万头，家禽出栏 775.14 万只，肉牛出栏 467 头，山羊出栏 1.11 万只，肉兔出栏 155.6 万只；畜肉产量 2.53 万吨，其中猪肉产量 1.36 万吨、禽肉产量 1.15 万吨、禽蛋产量 2.04 万吨。

（三）种植业生产概况

2019 年上半年铜梁全区农户 21.6 万户，农业人口 61.8 万人，耕地资源面积 88.6 万亩，基本农田 85.8 万亩。全区实现农业总产值 64.4 亿元，同比增长 5.8%；农业增加值 43.61 亿元，增长 3.4%；农村常住居民人均可支配收入 18 032 元，增长 9%。粮食播种面积 81.87 万亩，粮食产量达 34.8 万吨；油料作物种植面积 9.55 万亩，产量达 1.37 万吨；蔬菜播种面积 35 万亩，产量 77 万吨；特经作物种植面积预计达到 12.6 万亩；水果产量 10.7 万吨。全区耕地约可承载存栏猪 148.632 万头，或饲养家禽 2.23 亿只，如果加上其他农用地和未利用地，承载量会更大；考虑到其他行业对耕地的依赖、化肥使用等因素，承载量为 140 万～270 万头猪当量。

二、总体设计

（一）组织领导

铜梁区区委、区政府高度重视项目实施，将畜禽粪污资源化利用项目纳入 2018 年、2019 年重点建设项目，并成立了区畜禽粪污资源化利用项目工作领导小组，由区长任组长，分管副区长任副组长，区政府办公室、区委员会组织部（考核办）、区发展和改革委员会、财政局、农业委员会、公安局、规划自然资源局、生态环境局、林业局、融媒体中心，各镇人民政府（街道办事处）主要（常务）负责人为成员；领导小组下设办公室在区畜牧业发展中心，由区畜牧业发展中心主要负责人兼任办公室主任，具体牵头负责项目组织实施及日常工作的协调等，各成员单位依据职能职责配合做好项目的实施工作。

（二）规划布局

坚持生态优先、绿色发展，保供给与保生态并重，政府支持、企业主体、市场运作，源头减量、过程控制、末端利用的治理路径，以及“养殖跟着种植走、以种植面积确定规模养殖量、以农作物种类确定饲养品种”的原则，以种养循环利用为发展方向，指导水果、蔬菜等种植业主配套建设适度规模养殖场，鼓励养殖业主租赁土地搞种植业发展或与周边农户签订畜禽粪污消纳协议，进行粪污资源化利用。在铜梁全区范围内进行统筹规划，对全区非禁养区内常年存栏 20 头猪当量及以上的畜禽养殖场进行统计，依据养殖场粪污治理设施缺什么补什么的原则，依据重庆市铜梁区人民政府办公室《关于印发铜梁区畜禽养殖污染治理工作方案的通知》的治理标准，统一规划设计，布局资源化利用设施，制定一场一方案，分阶段对 20 头猪当量及以上所有畜禽养殖场进行治理，根据区域划分，在土桥镇和旧县街道各布局一个粪污集中处理中心。

（三）管理原则

项目采用镇街组织实施方式，铜梁区区委区政府将项目建设纳入重点项目管理，区委区政府督查室定期督查，畜禽粪污资源化利用项目工作领导小组组织专业技术人员分成 4 个组到各镇街督查指导项目规划、设计、建设等，促进项目推动落实。

（四）工作机制

1. 总体思路 各镇街结合辖区情况，因地制宜，坚持源头减量、过程控制、末端利用的治理路径，以养殖废弃物资源化利用为重点，突出养殖业与种植业有机结合，实现粪污资源化利用，建立种养殖业生态循环利用系统。

2. 配套政策 已严格落实畜禽粪污资源化利用建设所需土地和设施设备运行用电政策，鼓励种植业使用有机肥，2019 年开展有机肥替代化肥试点，并制定了《铜梁区 2019 年果菜茶有机肥替代化肥行动项目实施方案》。

3. 工作方法 一是精心研究，及时部署。项目批复后，铜梁区畜禽粪污资源化利用项目工作领导小组即组织召开项目启动筹备会，专题研究项目实施的组织形式、内容等，并于2018年8月31日组织各镇街分管负责人、农业中心负责人、畜牧兽医站站长召开项目启动会，部署相关工作。二是领导重视，高位推动。区委区政府主要领导多次召开会议安排部署工作，听取工作进展情况；区分管领导多次召集相关镇街和部门研究督导项目建设，着力解决项目建设中存在的困难问题。在2018年第一次区总河长会议、全区农村人居环境整治工作会议、乡村振兴工作等会议上部署畜禽养殖粪污资源化利用工作。三是行动迅速，落实到位。各项目实施镇街行动积极，措施有力，多次召开党（工）委会研究项目实施，并落实具体责任领导和责任人，针对每家养殖场的具体情况，制定个性化方案。

4. 部门协调 各镇街负责组织项目实施；区畜牧中心负责项目建设的技术指导，负责将实施项目符合直联直报系统备案的养殖场录入系统，并按时填报实施进度；区规划自然资源局将畜禽粪污资源化利用设施用地纳入土地利用总体规划，保障畜禽废弃物资源化利用设施建设用地需求；区农业农村委开展有机肥替代化肥试点，开展测土配方施肥技术推广，鼓励种植企业使用有机肥替代化肥使用，改善土壤有机质；区生态环境局负责规模畜禽养殖场的环境影响评价；区委区政府督查室负责项目实施进度的督查。

5. 项目统筹 项目由区政府统筹管理，区畜牧业发展中心具体牵头，相关部门配合，镇街具体实施。由镇街组织对全区20头猪当量及以上畜禽养殖场进行摸底，为能治理并愿意治理的畜禽养殖场制定“一场一档”治理方案，按照治理方案进行建设。项目竣工后，由镇街收集整理归档项目实施的相关资料，并组织人员到项目建设现场验收，验收合格后函告区畜牧中心。区畜牧中心在农业项目专家库中随机抽取专家数人组成专家组，在各镇街竣工验收项目中随机抽取20%～30%的数量，由专家组进行抽查验收。抽查验收合格后，将一个镇实施项目的所有补助资金拨付到镇街财政所，由镇街拨付到实施项目业主。

三、推进措施

全区畜禽养殖场（户）均按照区政府办公室出台的《关于印发铜梁区畜禽养殖污染治理工作方案的通知》（铜府办〔2017〕87号）中的治理标准，完善粪污资源化利用设施设备，按照时间节点有序进行。同时，加强辖区内所有畜禽养殖场（户）日常监管，建立日常巡查制度，业主做好粪污去向登记和设施设备运行登记。畜禽养殖场（户）对内外环境进行整治，保持干净整洁的环境，镇街和村社干部定期进行检查，对发现的问题及时整改，确保项目实施的成效。

1. 出台规范性文件 铜梁区区委区政府高度重视，先后出台《关于印发铜梁区畜禽养殖污染治理工作方案的通知》（铜府办〔2017〕87号）、《关于印发〈铜梁区实施乡村振兴战略行动计划（2018—2020）〉的通知》（铜梁委发〔2018〕8号）、《关于印发铜梁区绿色生态养殖发展实施方案的通知》（铜府〔2018〕31号）、《关于印发铜梁区畜禽养殖废弃物资源化利用工作方案》（铜府办〔2018〕51号）、《关于印发铜梁区“三区”污染治理工作方案的通知》（铜府办〔2018〕96号）等文件，为全区畜禽养殖场污染治理、开展废弃物资源化利用提供政策性支持，不同的畜禽养殖品种建设不同的粪污资源化利用设施，并按照标准补充完善。

2. 优化畜禽养殖布局 根据实际情况合理优化调整养殖布局，按照“养殖跟着种植走、以种植面积确定规模养殖量、以农作物种类确定饲养品种”的原则编制种养结合发展规划，并积极组织实施。

3. 建立健全相关制度 一是建立完善符合该区实际情况的畜禽规模养殖场污染防治监管制度。全区200头猪当量的畜禽养殖场实行制度上墙，要求养殖业主定时进行污染治理设施运行状况及粪污去向登记。二是建立完善属地管理责任制度。各镇街均建立健全“镇—村—社”三级监管体系，与村社签订粪污资源化利用设施运行监管责任书，定期对设施设备运行情况进行监督检查。三是建立完善规模养殖场主体责任制度。要求规模养殖场（户）配套完善沼气池、储液池、田间管网等粪污资源化利用设施建设并正常运行，规模以下养殖场（户）必须配备与规模相适应的粪污收存设施，记录好粪污利用去向。

4. 开展技术指导培训 在全区开展粪污资源化利用过程中，区政府安排技术人员分成4组到各镇街指导畜禽粪污资源化利用工作的开展，及时发现存在的问题，并提出整改措施。举办畜禽粪污资源化利用培训，邀请国家和市级技术部门专家授课和现场教学指导。

5. 做好示范引领带动 在项目实施过程中，发现和挖掘畜禽粪污资源化利用先进处理模式，做好典型示范宣传，并组织养殖场业主现场参观学习，将好的运行模式形成一套完整的技术方案，印制成册，发放给各养殖业主。

6. 探索创新先进技术 在开展畜禽粪污资源化利用项目过程中，支持畜牧兽医技术人员和养殖场业主积极探索，创新使用猪饮水节水、喷雾除臭、废气收集处理等装置，减少粪污资源化利用设施处理压力，从源头上减量，促进养殖业的可持续发展。

7. 农牧结合种养平衡措施

（1）开展化肥减量，推广使用简易有机肥 为了进一步促进群众使用简易有机肥的积极性，提高铜梁区畜禽粪污资源化利用率，该区加强了种植业科学施肥技术培训。一是组织春耕生产现场培训会，针对春季蔬菜、果树种植，开展简易有机肥施用技术现场培训，有力促进增施简易有机肥提升土壤肥力工作；二是召开化肥减量行动工作会，对全区农业种植公司负责人、专业合作社、家庭农场、种植大户开展增施简易有机肥促进化肥减量增效技术培训，为使用简易有机肥营造良好氛围；三是积极开展农企合作，重点建立了柑橘、花椒、蔬菜科学施肥示范片，同时，根据作物生长季节与企业一道深入规模化种植户进行一对一技术指导，进一步促进群众使用简易有机肥自制热情，提高畜禽资源化利用水平。

（2）强化项目实施，扩大有机肥使用面 2019年铜梁区作为果菜茶有机肥替代化肥行动试点项目区，全区围绕蜜柚、柠檬、蔬菜等果菜茶农作物，全面推进有机肥替代化肥行动，重点在石鱼镇等16个镇街实施绿肥种植17 904亩，实施增施自制简易有机肥面积16 888亩，实现利用畜禽粪污自制有机肥14 130吨。一是因地制宜确定主推技术模式。该区因地制宜明确了以“有机肥＋配方肥”为主、“绿肥＋配方肥”为辅的主推技术模式。试点项目支持种植大户开展简易有机肥生产和就近施用，生产过程应府合相关标准要求，充分发挥有机肥和化肥的互补优势，做到有机肥无机肥结合、提质增效。二是明确补助标准，提高业主积极性。对于种植业主就本区内畜禽养殖场干湿分离处理后的干基粪自制有机肥用于自有果园、菜地且自制标准符合规定工艺流程的，每处理1吨干基粪补助1千克生物菌种，同时补助粪污运输及处理费用315元。

四、实施成效

（一）目标完成情况

1. 建设任务完成情况　一是2018年完成325家畜禽养殖场的畜禽粪污资源化利用设施设备建设，其中，建设沼气池6 400.78米^3、沼液储存池29 768.55米^3、干粪堆积房5 608.3米^3、雨污分流沟9 963.5米、田间管道115 398米，购置提升泵576台、固液分离机78台、粪污处理设施13套、饮水节水装置1 399套。完成1家规模养殖场的大型沼气工程建设（图1），建设粪污收集、储存、处理池3 250米^3，配套用房210米^2、场区绿化600米^2、进场公路700米^2、硬化场区200米^2，购置粪污处理设备38台（套）。二是2019年完成341家养殖场畜禽粪污资源化利用设施设备建设，其中，建设沼气池6 168.8米^3、沼液储存池37 222.7米^3、干粪堆积房9 012.5米^3、雨污分流沟15 694米、田间管道149 731米，购置提升泵227台、固液分离机55台、其他设施设备2 900套；建设2个粪污集中处理中心（图2）。

2. 畜禽粪污综合利用率提升　全区畜禽粪污资源利用水平得到提升，畜禽粪污综合利用率达到90%，比项目实施前提高7.8%。

3. 规模养殖场粪污处理设施装备配套率提升　该区规模畜禽养殖场粪污处理设施装备配套率100%，比实施前提高55%。

图1　重庆市铜梁区双马养殖场沼气工程

图2　重庆市铜梁区双马养殖场粪污集中处理中心

（二）工作亮点

1. 强化技术指导　在铜梁区开展粪污资源化利用项目过程中，区政府安排技术人员分成4组到各镇街指导畜禽粪污资源化利用项目的开展，及时发现建设过程中存在的问题并提出整改措施，确保项目进度。

2. 探索粪污资源化利用模式　结合铜梁区实情，区政府出台了《关于印发铜梁区畜禽养殖污染治理工作方案的通知》，确立了区畜禽养殖场的基本治理方法。树立“以地定养、农牧结合”现代发展理念，按照“就地消纳、能量循环、综合利用”的原则，推进粮经饲统筹，探索推广“畜沼果、畜沼菜”等种养结合模式。鼓励支持家庭农场、林果基地配套发展适度规模养殖场，同时鼓励养殖与种植配套，推进养殖废弃物资源化利用。

3. 创新组织实施模式 项目采用镇街组织实施方式，区委区政府将项目建设纳入重点项目管理，区委区政府督查室定期督查，项目推动落实较快。

4. 支持技术创新 在开展畜禽粪污资源化利用项目过程中，支持畜牧兽医技术人员和养殖场业主积极探索，创新使用猪饮水节水、喷雾除臭、废气收集处理等装置，减少粪污资源化利用设施处理压力，从源头上减量，促进养殖业的可持续发展。

5. 开展示范带动 在项目实施过程中，发现和挖掘畜禽粪污资源化利用先进处理模式，做好典型示范宣传，并组织养殖场业主现场参观学习。

6. 创新相关制度 制定铜梁区畜禽规模养殖环评、铜梁区畜禽养殖污染属地监管、铜梁区规模养殖场主体责任、铜梁区动物疫病防控等制度，并要求规模养殖场制度上墙。

（三）效益分析

通过粪污资源化利用的实施，粪污资源化利用率达到90%以上，规模畜禽养殖场的装备配套率达100%，全区规模以上养殖业主均自有种植消纳地或与种植业主签订了粪污消纳协议，全区所有规模养殖场均实现了循环化改造，实现了粪污的资源化利用。

1. 经济效益 一是提升农产品质量。实施种养结合循环农业后，农作物有机肥使用增加，化肥、农药使用减少。二是减少人工成本。排污管网的安装更加便于实施农作物的灌溉，节约劳动力。三是使用有机肥可减少化肥支出150～300元/亩。四是有机肥使用可将农作物产量提升5%～20%，售价比同类产品高0.4～0.6元/千克。

2. 生态效益 一是规模养殖场通过完善粪污资源化利用设施设备，与周边种植业结合，充分利用消纳，有力杜绝了养殖过程中产生的粪污乱排乱放现象，切实改善了养殖场及周边环境。二是使用有机肥活化、疏松土壤，起到改良土壤的作用。三是改善畜牧业发展与生态环境保护关系，促进畜牧业与环境保护协调发展。

四川省蒲江县

一、基本情况

（一）县域基本情况

蒲江县位于四川盆地、成都平原西南缘，县域东邻彭山和眉山、西界名山、南连丹棱、北接邛崃，是成都市的西南门户。蒲江县位于成都、眉山、雅安3市交汇处，毗邻天府新区，距离成都78千米，属“成都半小时经济圈”，成蒲铁路、川藏铁路、成雅高速G108、川西旅游环线S106、成新蒲快速通道、成都经济区环线高速公路穿境而过，是“进藏入滇”的咽喉要道，交通十分便利。

（二）养殖业生产概况

蒲江县是国家生态县，是2016年财政部确认的生猪调出大县、四川省现代畜牧业重点县、全国首批畜牧业绿色发展示范县。2018年年末存栏生猪39万头，出栏53.55万头，其中能繁母猪存栏3.67万头；肉兔出栏161万只，兔肉产量2 334吨；肉用牛出栏313头，牛肉产量39吨；肉用羊出栏5 594只，羊肉产量79吨；奶牛养殖户2户，存栏奶牛17头，其中能繁母牛11头，年产鲜奶6吨。家禽出栏353.95万只，禽肉产量5 988吨，禽蛋产量3 382吨，专用型蛋鸡存栏17.4万余只，鸡蛋产量2 367吨。截至2018年年末，全县畜禽折算为猪当量出栏65.47万头。

（三）种植业生产概况

全县农用地54万亩，其中耕地面积36万亩、林（园）地面积18万亩。2018年粮食作物种植面积13.2万亩，总产量4.9万吨；油菜种植面积8.8万亩，总产量1.4万吨；经济作物总面积45万亩，其中以柑橘、猕猴桃为主的水果种植面积为35万亩，茶叶面积10万亩。初步形成东江湖周边蜜橘和北部冰糖橙为主的柑橘产业带，以东部绿茶、南部红茶、北部多茶类为主的茶叶产业带，以绿成康蔬菜为主的农产品供应基地，以东部优质稻为主的粮食标准化生产基地。

二、技术模式

（一）突出源头减量，实施生猪标准化绿色养殖

蒲江县依托华西希望德康集团、成都远大中实公司等龙头企业技术、人才和资金优势，

通过“龙头企业+”形式，推进全县生猪标准化适度规模养殖发展（图1）。

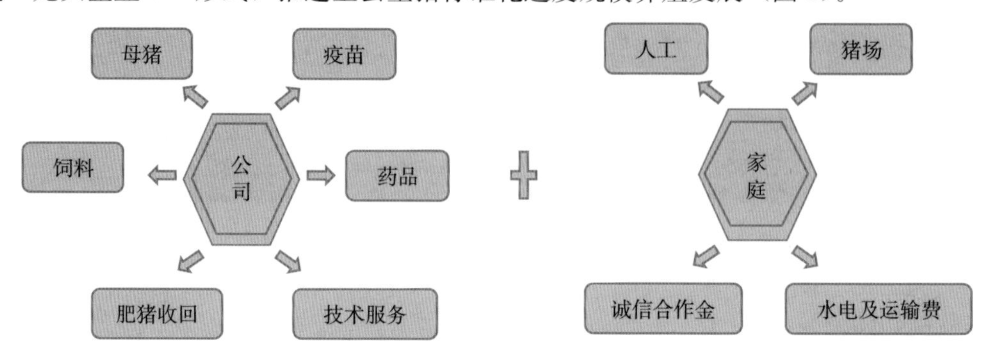

图1 生猪养殖模式

1. 统一建设标准 按照“畜禽良种化、养殖设施化、生产规范化、防疫制度化、粪污处理无害化”要求，由龙头企业的工程技术部门统一设计、统一建设标准化养殖场（图2）。

图2 标准化养猪场

2. 统一粪污处理方式 采用干清粪处理模式，通过控制生产用水，减少养殖过程中的用水量；增设自动饮水碗，收集浪费的饮用水循环再利用；场内实施污水暗道输送、雨污分流和固液分离，减少污水处理压力；固体粪便收集后运往干粪堆腐场堆肥处理利用（图3）。

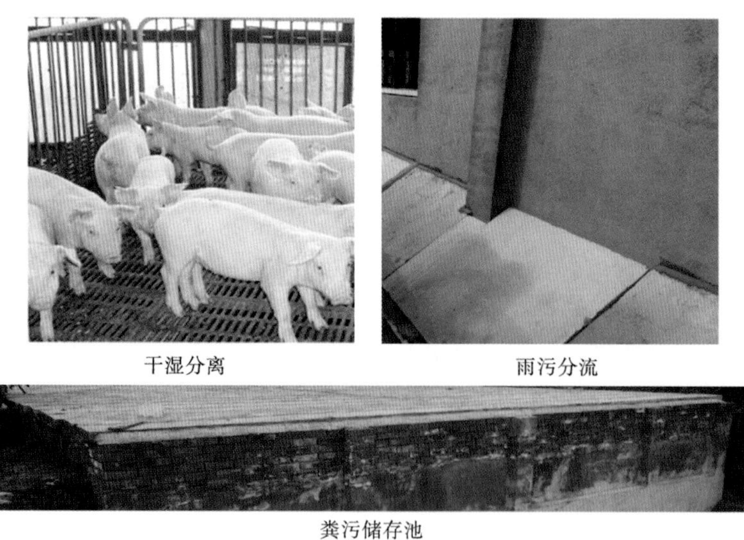

图3 粪污处理方式

3. 统一规模要求 按照“以种定养、种养平衡”原则，以发展年出栏生猪1 000～2 000头适度规模养殖场为重点，全面考虑养殖场建设规模及地点，减少因规模过大增加局部粪污处理压力。通过示范养殖建设，推广节水、节料等清洁养殖工艺和干清粪实用技术，促进自动喂料、自动饮水、环境控制、信息化管理等现代化设施设备应用，加快提升养殖现代化水平，从源头控制养殖粪污产生量。2018 年改（扩建）适度规模场 10 个，完成 1 个年出栏 3 000 头和 1 个年出栏 5 000 头养殖场技术改造升级，成功创建省级标准场 2 个（图 4）。

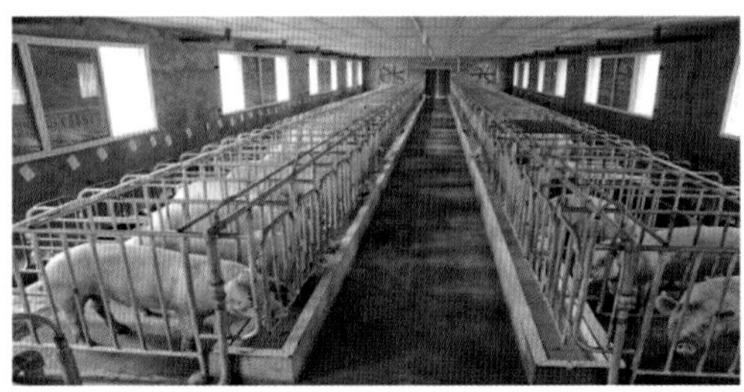

图 4　养殖场改造升级

（二）突出综合利用，推进畜禽粪污治理 PPP 模式

充分依托蒲江县种植业发展优势，采取就地循环和转运异地循环的模式，以乡镇为项目发起人，公开选择合适的社会投资人开展伙伴式合作，以畜禽粪污综合利用项目为载体，整县推进种养循环利用，通过签署合同明确权利、义务，相互协调、合力决策，共同推动畜禽粪污还田资源化利用工作。自 2015 年该县被四川省农业厅作为全省运用 PPP 模式开展畜禽粪污综合利用试点县以来，已连续 4 年整县推进畜禽粪污转运还田利用，在提升耕地土壤地力的同时，有力推动了畜禽粪污治理成效更上新台阶。全县先后投入财政资金1 215万元，拉动社会投入1 608万元，采用 PPP 模式（图 5）有效处理畜禽粪污 59 万米^3，实现沼肥异地转运还田 18.7 万亩次。同时培育了成都天籁农业公司、蒲江县沼气协会等一大批本土农业专业服务队，构建起资源化利用长效机制。

图 5　PPP 模式综合利用项目田间储液地

1. 明确技术措施　一是严格畜禽养殖区域化管理和布局，修订完善禁养区范围，有序推进禁养区范围内养殖场关闭，引导非禁养区内养殖场（户）根据周边土地承载能力和种植

情况，适度调整养殖规模；二是按照饲养生猪50头（或禽兔500只）配套沼气池15米^3、储粪池30米^3、堆粪场15米^{3}的标准，配套建设沼气池、储粪池、堆粪场等处理设施；三是按照存栏5头猪（或禽、兔100只）1亩种植基地的标准配套种植业基地；四是成立县农业废弃物资源化利用服务联盟，整合农业发展链条的种植大户、养殖大户、收运公司、有机肥厂、高新技术企业、政府监管部门、服务公司等相关利益方，将大型养殖场产生的畜禽粪污通过干湿分离后，经专业化有机肥厂加工成商品有机肥还田、还林。

2. 明确工作任务 一是由各乡镇牵头组织开展畜禽养殖粪污转运还田综合利用；二是购置抽渣车，用于沼液运输；三是修建田间沼液贮存池；四是耕地土壤地力提升监测（图6）。

畜禽粪污综合利用

购置抽渣车

修建田间贮存池

地力提升监测

图6 粪污综合利用

3. 明确推进措施 一是公开选择合作伙伴。以乡镇、街道主导，县农业农村局、财政局参与，按照自愿、公开、公平、公正原则，采取农民群众评议的方式选择确定合作伙伴，确保具备条件的社会力量平等参与竞争。县农业农村局与乡镇、街道签订目标责任书，乡镇、街道、村分别与合作伙伴签订合作协议，确保顺利推进。二是实行台账管理。合作伙伴与畜禽养殖业主签订粪污处理协议，与种植业主签订沼渣沼液、堆沤有机肥推广使用服务协议，建立粪污来源和去处的详细台账，并由养殖业主、种植业主、机手三方签字确认。三是确定资金补助环节和标准。按照政府购买服务、业主和农户自筹的方式进行资金筹措。乡镇、街道、村、合作伙伴购置沼渣沼液抽渣车每辆补助5万元，修建200米^{3}田间沼液贮存池每口补助2万元，在沼肥转运环节中按每立方米政府补助15元、养殖户自筹5元、种植户自筹15元（图7）。

4. 建立评估体系 建立起村查、乡审、县指导的三级监管体系，严格按照监管程序加大监管力度，实现畜禽养殖粪污循环综合利用常态化。项目实行台账管理和月报制度，每次粪污转运及还田情况须经种植业主、养殖业主和机手三方签字确认，合作伙伴于每月20号前将当月台账交所在乡镇，乡镇汇总当月进度并上报县农业主管部门，并按照不低于20%

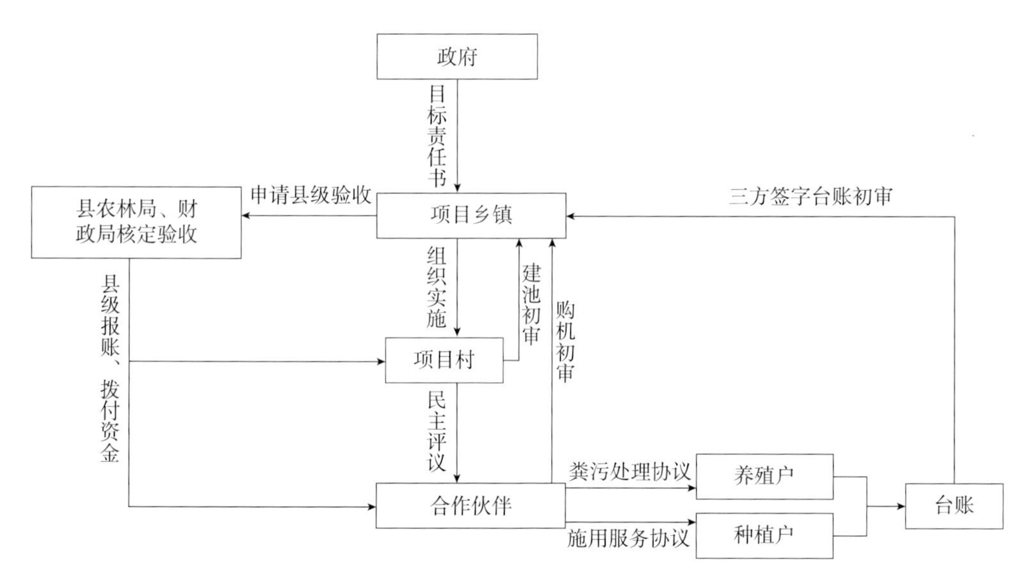

图 7　粪污利用管理机制

的比例对当月完成情况进行随机抽查核实。委托第三方机构，严格按照农业部《测土配方施肥技术规范》要求，对项目实施前、后土壤进行取样化验，科学评估实施效果。

（三）突出后端保障，构建耕地质量提升 5+1 模式

1. 建立“5+1”综合服务模式　整合农业公共服务和农业企业资源，创新建立蒲江县耕地质量提升“5+1”综合服务模式，实施养土肥田、绿色防控、农业机械化、有机废弃物循环利用、土壤环境大数据平台 5 大工程，建设一个集电子商务、冷链物流、绿色金融、农业保险、有机认证、检测检验等为一体的后端综合保障、全产业链服务平台，为以畜禽粪污为主的农业废弃物资源化利用提供综合性解决方案，促进农业循环经济发展，带动农产品品质、品牌提升（图 8）。

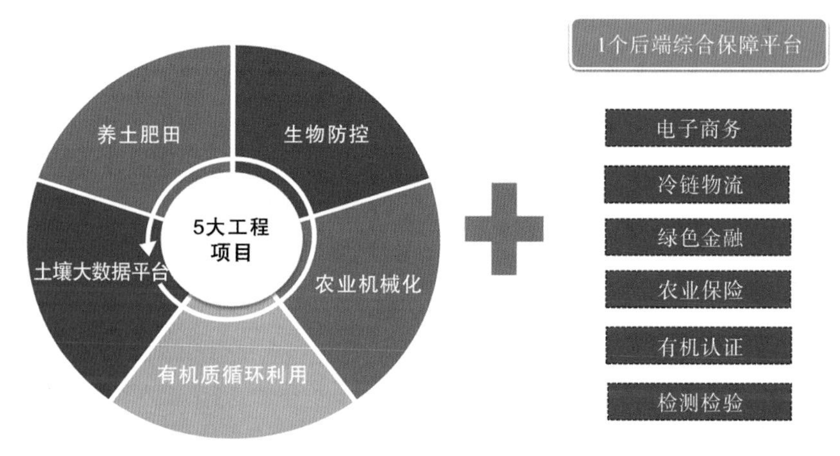

图 8　“5+1”综合服务模式

2. 建立畜禽粪污资源化农业服务模式　探索以公共服务机构为依托、社会力量为骨干、政企合作的农业服务模式，引进中关村生态产业联盟成员——北京嘉博文公司，建成蒲江县

耕地保护与土壤质量提升“5+1”综合服务中心，采取“市场化+公益性”相结合的服务模式，为畜禽粪污资源利用提供专业化服务，实现农业服务方式由政府主导向社会化供给的转变。

截至2018年，财政累计投入1.1亿元，带动社会投资4亿元，全县实施耕地质量提升25万亩，年增施以畜禽粪污为主的各类有机肥17万吨，核心区域实现土壤有机质含量平均提高0.15个百分点以上。同时，全面启动果菜茶有机肥替代化肥试点，实施有机肥替代化肥核心示范面积1万亩，投入资金300余万元，在种植大户、农业公司中探索建成规模500亩的沼液管道还田示范园3个。

三、机制保障

（一）强化组织领导，建立健全工作推进机制

一是健全规划机制。修订完善《蒲江县畜禽养殖禁养区划定方案》，为科学规划、合理布局该县畜禽养殖场所提供了依据。通过对畜禽养殖区域和养殖场所规划和布局的调整，全县95%以上的畜禽养殖场所都与果、茶等种植基地有效结合起来。二是健全保障机制。成立蒲江县畜禽养殖粪污综合利用工作领导小组，安排部署综合利用工作，协调解决重点难点问题。三是健全工作机制。印发《蒲江县畜禽养殖污染专项整治工作方案的通知》和绩效考核办法，将畜禽养殖粪污综合利用工作纳入年度目标并实行绩效考核。

（二）强化宣传，突出舆论引导

通过蒲江电视台、《今日蒲江》等媒体，滚动播放宣传标语，采取印制宣传手册、综合利用资料，挂横幅，“村村响”广播，写标语，开培训会及走访养殖户等形式，对养殖污染危害、养殖污染处罚和养殖污染治理技术进行了广泛宣传。全县印制发放《畜禽养殖污染治理主要技术措施》《蒲江县畜禽养殖污染治理宣传手册》4万余份，在全县营造了浓厚的氛围。

（三）创新监管模式，有效防止乱排乱放

1. 实施三大工作举措 制定一个办法——《蒲江县畜禽养殖污染防治管理办法》；坚持一个原则——种养平衡；完善一个宣传体系——广泛宣传深入人心。

2. 发挥六类群体作用

（1）群众监督 出台《蒲江县环境违法行为有奖举报暂行办法》，村村设立违法排污有奖举报电话牌，发动群众广泛参与监督，经查属实的每件奖励100～1 000元。

（2）村社包户 在摸清养殖存在污染及污染隐患养殖户的情况下，由各村（社区）同乡镇人民政府签订治理目标责任书，实行“一对一”整改落实。

（3）乡镇包村 县政府将此项工作纳入对乡镇的目标考核，要求各乡镇成立畜禽养殖污染专项整治工作领导小组，形成主要领导亲自抓、分管领导具体抓、乡镇干部包村的工作格局。

（4）部门包片 全县乡镇分成3个片，生态环境局、农业农村局、水务各包一片，年终

由目标管理督查办公室、监察、生态环境农业农村和水务等部门组成联合考核组进行抽查考核。同时，县目标管理督查办公室和生态环境局牵头对各乡镇每季度工作开展情况进行定期通报。

（5）社会服务 一是由乡镇政府公开招标组建服务队伍，开展“服务外包”试行工作；二是按照“政府搭台、合作社牵头、业主自主经营”的模式，大力发展抽施粪机服务队伍；三是按照“谁受益、谁付款”的原则，将沼渣沼液运送施用到茶园、柑橘园、猕猴桃园及各类种植基地。

（6）业主自律 户户签订污染治理承诺书，保证畜禽粪便不外排；村（社区）制定村规民约，将畜禽养殖污染治理与耕保金等资金政策挂钩，督促农户养成遵章守纪的良好习惯。

四、成效分析

1. 畜禽养殖粪污基本实现资源化利用 目前，全县共建成户用沼气池 22 085 个、大中型沼气工程 870 座、贮液池 17 4000 米^3、干粪堆腐场 45 000 米^2；培育组建 26 个畜禽粪污综合利用服务队，购置抽施粪机 175 台、抽粪泵 12 000 台，实现全域全覆盖服务；建成有机肥厂 6 家，年处理畜禽粪便近 10 余万吨，生产商品有机肥 4 万余吨。

2. 农村环境明显改善，群众满意度大幅提升 自开展整治工作以来，累计关停和转产畜禽污染养殖场（户）1 460 户，通过实施标准化圈舍改造，配套完善相应的粪污处理设施，实现规模养殖场粪污处理设施配套率达 100%，全县粪污综合利用率达 98%以上。养殖粪污直排、露天堆放等现象基本消失，农村生态环境明显好转，畜禽养殖污染投诉举报大幅减少。

3. 产业增效多方共赢，耕地质量明显提升 通过种养结合，还田利用，结合高效有机肥利用，大大提升耕地质量，提高了土壤保肥蓄水的能力，促进农产品品质改善，实现农民增产增收，同时带动社会化服务组织增收和劳动力就业，有效实现了经济效益、社会效益和生态效益共赢。项目区柑橘、猕猴桃水果平均亩增产 5%，亩增收达 375 元，同时逐年降低化肥、农药施用量，亩节约 150 元，每亩平均节本增收 525 元，实施区域累计实现增收 7 800余万元。抽施粪机每年每台服务收入达 6 万余元，每台可解决 3 个劳动力就业，全县 175 台抽施粪机年服务收入可达 1 050 万元，带动就业 525 人。

四川省梓潼县

一、基本概况

（一）县域基本情况

梓潼，自古有“五谷皆宜之乡，林蚕丰茂之里”的美称，全县面积1 442.3千米^2，辖32个乡镇、1个省级经济开发区，位于四川盆地西北部丘陵向低山过渡地区，因“东倚梓林，西枕潼水”而得名，是典型的丘区农业县。距离绵阳市52.5千米，距离省会成都市约200千米，与重庆市相距350千米左右。地处绵阳半小时经济圈，位于以成都为中心的绵阳—德阳—乐山—内江第一经济圈内，属于四川省经济活跃度较高的区域，地缘优势非常明显。引进山东水发集团、四川商投集团等企业，新签约七曲山风景区旅游开发、中石化元德线梓潼主管道建设及天然气经营等项目24个。2018年梓潼县全县实现地区生产总值（GDP）112.67亿元，比上年增长8.1%，位于绵阳市三区五县一市中第7位，经济总量较小，三次产业结构比例由2017年的28.1∶33.5∶38.4调整为26.1∶35∶38.9。梓潼县在农业生产上已经取得一系列成果，先后获得国家级杂交水稻制种基地县（2015）、全国生猪调出大县、四川省现代畜牧业重点县、四川省现代林业重点县、全国生态食品县、全国食品工业强县、四川省农业产业化经营工作先进县等称号。

（二）养殖业生产概况

2018年，全县共出栏生猪50.06万头、肉牛1.29万头、肉羊22.21万只、家禽604.45万只，存栏蛋禽531万只，肉类总产量5 1575吨，禽蛋产量23 941吨，蚕茧产量1 179吨。畜牧产值达17.61亿元，同比增长2.43%，占农业总产值的34.52%。畜牧科技创新能力和畜牧生产技术水平显著提高，猪、牛、羊、家禽和兔良种化率分别达到97.5%、72%、96.1%、94%和95.36%；生猪和蛋鸡两个主导产业收入年均增长20%以上，畜牧科技进步对畜牧经济增长的贡献率60%以上。梓潼县大力倡导“以种定养、以养定种、种养结合、生态循环”的农业绿色发展模式，先后发展了50万头生猪、230万只高品蛋鸡、700万只小家禽，同时配套发展了16万亩水果、10万亩蔬菜、13万亩花生、8万亩海椒、5万亩水稻制种、5万亩中药材来就地消纳养殖粪污，在保证环境不受污染的同时，壮大了产业实力，获得了经济效益、社会效益、生态效益三丰收。按照2头猪1亩地的标准，县内农业用地可以完全消纳梓潼县的畜禽粪污。通过多年来的治理，目前，全县畜禽粪污资源化利用率已达90.88%，规模养殖场粪污资源化利用率达98%；其他养殖场也已配套建设粪污收集池和沼气池，90%以上的规模以下养殖场（户）按规定配备了粪污收集、贮存和处理设施和粪污消纳的种植地。

（三）种植业生产概况

梓潼县农业发展基础好。一是土地资源丰富，2018 年，梓潼县拥有耕地 51 425.12 公顷、果园 2 253.51 公顷、林地 60 416.09 公顷、草地 349.18 公顷，全县有耕地 76 万亩，林地 92.51 万亩，人均占有耕地 1.4 亩、林地 2 亩以上。二是气候生态条件适宜，县境内四季分明，气候温和，森林面积 5.72 万公顷，覆盖率达 42%，气候生态条件适宜农业发展。

二、总体设计

（一）组织领导

梓潼县党政领导高度重视畜禽粪污资源化利用工作的推进，做了大量的前期工作，为强化“四川省梓潼县 2019 年畜禽粪污资源化利用项目”的组织领导，提高整县推进畜禽粪污资源化利用能力，根据《国务院办公厅关于加快推进畜禽养殖废弃物资源化利用的意见》（国办发〔2017〕48 号）、《四川省农业农村厅关于组织申报部分 2019 年度中央财政专项资金项目的通知》（川农函〔2019〕335 号）要求，梓潼县成立了由县委副书记任组长的梓潼县畜禽粪污资源化利用工作领导小组，由县政府副县长担任副组长，县委宣传部经、县目标绩效管理办公室、县发展与改革局、县农业农村局、县自然资源局、县财政局、县水利局、县生态环境局、县商务经济合作局、县科学技术局、县公安局、县供电公司，以及各乡（镇）乡（镇）长为成员的领导小组，负责解决项目推进过程中的规划指导、统筹协调、资源整合、检查监督等事项，在全县上下形成“主要领导亲自抓、分管领导具体抓、相关部门协同抓、社会各界参与抓”的工作格局。

（二）管理原则

绵阳市和梓潼县各相关政府部门出台了一系列利于畜禽粪污资源化利用的实施意见、通知，指导梓潼县畜禽粪污资源化利用工作顺利推进，明确将畜禽污染综合利用率、规模养殖场畜禽粪污处理设施装备配套率、有机肥替代化肥的有机肥施用比例作为工作目标；全面推进固体粪便肥料化利用，重点推广工厂化堆肥处理和商品化有机肥生产技术，支持发展以畜禽粪便为原料的商品有机肥产业，鼓励现有有机肥企业扩大生产规模，加强畜禽干粪加工、有机肥生产管理，从源头保证商品有机肥质量，提高畜禽粪污深度加工和利用水平。同时，强化污染隐患排查，重点排查畜禽养殖场是否有相应的粪污处理设备，运行是否正常，是否具有环评手续，是否按标准要求配套消纳粪污土地，是否有灌溉管网或粪污专用运输设备，运行是否正常等情况；要求各乡镇畜牧兽医站指导辖区规模养殖场和畜禽粪污资源化利用专业机构安装使用规模养殖场直联直报信息系统，督促规模养殖场和畜禽粪污资源化利用专业机构及时填报相关信息，做好数据审核把关和实地核查工作，确保数据填报真实、准确。

（三）工作机制

坚持以习近平新时代中国特色社会主义思想为根本遵循，深入贯彻党的十九大和省、市实施乡村振兴战略的精神，全面推进和落实“创新、协调、绿色、开放、共享”发展理念，依据《国务院办公厅关于加快推进畜禽养殖废弃物资源化利用的意见》（国办发〔2017〕48号）的部署要求，以提高畜禽粪污资源化利用率、消除面源污染、提高土地肥力、促进农牧业融合发展、提高农业可持续发展能力为目标，坚持政府支持、企业主体、市场化运作的方针，按照“以地定养、以养肥地、种养对接”和“填平补齐、统筹规划、协同推进”的原则，通过整县推进、农牧结合、就近消纳、变废为宝、循环利用的可持续发展方式，实现畜禽粪污资源化利用、有机肥逐步替代化肥，建设生态宜居乡村，促进农牧业转型升级和绿色发展，实现乡村振兴战略任务。

三、推进措施

（一）规模养殖场

1. 源头减量　梓潼县县委、县政府先后引进圣迪乐、正大、大北农集团，在政府引导和政策支持下，充分发挥龙头企业示范带动作用，打造集饲料、养殖、屠宰、加工、销售为一体的全产业链，大力提升规模化、现代化、标准化养殖水平，利用现代化设施设备和沼气厌氧发酵工艺，实现了粪污的源头减量和全量收集。龙头企业为养殖户提供标准化圈舍图纸，养殖场内采用降温水帘、动力风帽、地暖、漏缝地板、自动水线、自动料线、自动控温等先进设施设备，实行雨污分流，从源头减少了养殖废弃物排放量。

2. 过程控制　养殖场建设过程中严格落实环保要求“三同时”的原则，即“环保设施设备建设与养殖场建设同时设计、同时施工、同时投产”，要求新建养殖场必须按照养殖场设计存栏规模，配套建设足够容积的粪污收集池、沼气池、沼液贮存池、稀释池，并将环保设施建设情况作为养殖场验收投产的重要前置条件。同时，强化环保督查监管，养殖场投产后由乡镇人民政府和畜牧兽医站落实专人负责监管，随时掌握养殖场环保设施设备运转和粪污资源化利用情况，发现污染隐患立即指导整改，对发生环境污染事件又拒不整改的养殖场立即移交环保部门立案查处。

3. 末端利用　按照“以种定养、种养结合、生态循环”的发展理念，将50万头生猪全产业链、450万只高品蛋鸡、5万亩水稻制种基地、20万亩蜜柚基地纳入种养结合体系，按照1栋“1100”生猪代养场，周边配套220亩种植用地的原则，配套发展种养业。沼气池厌氧发酵稀释后的沼液，经灌溉管网用于周边农田或果园，改善土壤有机质，提升农产品品质；全量收集的粪污经固液分离后，固体废弃物被运输至有机肥厂用于生产有机肥。

4. 分类管理　梓潼县2019年畜禽粪污资源化利用项目资金主要用于打造一批资源化利用设施设备完善的规模化生猪养殖场，进而示范带动全县的生猪养殖场开展畜禽粪污资源化利用工作。该项目涉及全县28个乡镇63个养殖场91栋“1100”型标准化生猪代养场，建设沼液贮存池、稀释池、田间储存池、灌溉管网和切割式污水泵；改扩建3个规模化种猪场，以达到增产保质的养殖效果。为充分发挥项目资金效益，保障项目顺利实施，对涉及全县 55 栋扶贫生猪代养场的建设内容由县农业农村局主导，按照统一规划、统一招投标的方式，统一实施，其余社会资本参与的项目建设内容由业主自建（图 1、图 2）。

图 1　首批新建的“1100”扶贫生猪代养场正式投产

图 2　正大规模化种猪场内景和粪污处理一体化设备

（二）规模以下养殖场（户）

要求雨污分流，对圈舍进行必要的改造，避免增加污染总量。采用干清粪工艺，及时清除干粪，减少冲洗用水和污水产生量。配备必要的堆粪场、沼气池和储存池。沼气池建设标准应不低于牛 1.5 米^3/头，猪 0.3 米^3/头；沼液贮存池建设标准不低于牛 3 米^3/头，猪 0.5 米^3/头。每 10 头猪（出栏）粪便堆积场所需容积约 1 米^3；每 2 头肉牛（出栏）堆粪场所需容积约 1 米^3，每 2 000 只肉鸡（出栏）或每 500 只蛋鸡（存栏）堆粪场所需容积约 1 米^3。按照种养结合的要求，配套足够的粪污消纳所需土地，并铺设灌溉管网；异地配套的建设田间贮存池，配备沼液运输车。每亩土地年消纳粪便量不超过5 头猪（出栏）、300 只肉鸡（出栏）、150 只蛋鸡（存栏）、1 头肉牛（出栏）的产生量（图 3）。

（三）第三方处理中心

以县域内现有的两家有机肥厂为主，支持开展第三方集中处理中心建设，通过 2019 年畜禽粪污资源化利用项目资金支持，引导有机肥厂提升生产设施设备现代化水平和生产工艺，分别达到日处理畜禽粪污 180 吨和 160 吨的规模。有机肥厂生产原料主要来源于圣迪乐蛋鸡场产生的鸡粪和大型生猪养殖场产生的固体粪污，有机肥厂与养殖户签订粪污收集运输协议，按照每吨粪污 50 元左右的价格，由有机肥厂安排专门的粪污运输车辆及时收集和拉

图3　粪污消纳灌溉管网

运，保障有机肥厂有充足的生产原料，养殖场粪污能够及时处理，形成良性循环。同时支持田宝生物科技有机肥厂开展有机肥试验田建设，示范带动农户实施化肥减量、有机肥替代化肥行动，改善土壤有机质，提升农产品品质，实现经济和生态效益双赢。

（四）农牧结合种养平衡措施

1. 深入推进供给侧结构性改革　科学规划，把补短板、去库存有机结合起来，深入推进供给侧结构性改革。一是积极培育壮大各类生产经营主体，加快传统散养向规模化方向发展。现已发展有畜牧龙头企业8个、专合社161个、家庭农场185个，2018年畜牧业产值达17.64亿元。二是促进养殖设施设备和管理技术提档升级，生产能力和生产效率显著提升。圣迪乐公司标准化蛋鸡场采用全封闭式、全自动化8层重叠式饲养系统，被誉为全国蛋鸡行业标杆（图4）。生猪代养场代养场圈舍设计标准化程度全国一流、世界领先，省专家组高度评价梓潼县畜牧业一步跨入现代化。目前，有部级标准化示范场4个、省级标准化示范场6个，规模化养殖比重达81.6%。

图4　四川圣迪乐村生态食品有限公司

2. 加大科技投入，创新治污方式　针对大量新建的畜禽规模养殖场，坚持“干湿分离、雨污分流、明沟排雨、暗管排污、沼气净化、种养结合、循环利用”的建设方式，引进先进技术并配套建设相适应的集粪池、盖泻湖式沼气池、曝气池、稀释池、污水灌溉管网、固液分离机等粪污处理设施设备，将废弃物变废为宝用于生产有机肥，沼液用于灌溉蔬果园，向农户提供清洁的生活能源、生产能源和清洁高效的有机肥料，实现了粪污处理无害化、资源化。

3. 坚持四种循环模式，整县推进畜禽养殖废弃物资源化利用 ①“大型规模养殖场＋有机肥厂”的市场循环模式（图5）。养殖场粪污作为有机肥厂原料用于生产有机肥，真正实现零污染、零排放。全县已建成年产10万吨有机肥厂1个、5万吨有机肥厂1个。②“养殖场＋沼气池＋果园”的合作循环模式（图6）。引入沼气服务站社会化服务，在养殖场和蜜柚种植园之间统一建设管网设施、统一经营管理，实现种植与养殖无缝衔接。③“适度规模经果园＋适度规模养殖场＋沼液灌溉”的园场循环模式（图7）。在种植园内配套发展养殖业，有效利用场内养殖粪污。④“规模以下养殖场（户）＋户用沼气池＋种养循环”的家庭微循环模式。充分利用全县农户已有的7.6万口户用沼气池，在种植园内建设贮粪池，做到种养平衡。

图5 “大型规模养殖场＋有机肥厂”的市场循环模式

图6 “养殖场＋沼气池＋果园”的合作循环模式

图7 “适度规模经果园＋适度规模养殖场＋沼液灌溉”的园场循环模式

四、实施成效

（一）目标完成情况

预计到2020年，全县初步建立起功能完善、运作规范的种养循环生产体系和废弃物资源化利用体系，实现畜禽粪污综合利用率95%以上，规模养殖场粪污处理设施装备配套率达100%，沼渣、沼液还田还地利用率达到100%，形成推进畜禽粪污资源化利用的良好格局，促进农业生态循环经济的发展，使梓潼县现代农业走上绿色、健康、经济、可持续发展道路。

（二）工作亮点

梓潼县县委、县政府先后引进正大、大北农集团，发展规模化、现代化、标准化养殖，全力打造集饲料、仔猪、养殖、屠宰、加工于一体的生猪全产业链，探索出了具有零风险、养殖设施现代化程度高、生产组织化程度高的“1＋3”生猪代养模式，并在此基础上结合脱贫攻坚，延伸推广了“1＋5”生态循环产业扶贫模式。

1. “1＋3”生猪代养模式　“1＋3”生猪代养模式是在政府主导下，各利益主体以诚信为基础、利益为纽带的多方共赢模式，是集政策保障、技术服务、产品回购、风险防范、金融支持为一体的产业化系统工程。

“1＋3”即“政府＋龙头企业（正大、大北农）、农户、金融部门”。政府作为产业发展的引导者，通过制定发展规划，搭建合同平台，落实扶持政策，对经营主体实行“一站式”服务，破解了农村发展瓶颈；企业（正大、大北农）立足食品安全，负责制定养殖标准，提供全程生产原料和技术服务，回收产品进行深加工，打造生猪全产业链，助推全县养殖产业转型升级；农户（贫困户）与企业（正大、大北农）签订代养协议，按正大图纸施工建设标准化圈舍，按照正大技术要求开展“零风险”代养，实现持续稳定增收。金融部门与企业（正大、大北农）搭建合作协议，通过代养合同质押担保，给予农户全程金融支持。

“1＋3”代养模式，解决了“融资、增收、环保”3大生猪养殖业发展难题，得到了省政府考评验收组的高度评价，被认为是全省生猪产业发展先进模式，可在全省范围大力推广。

2. “1+5”产业扶贫生态循环模式 针对贫困户贫困程度深、脱贫难度大、易返贫的实际，经多方考察，反复论证，在正大、大北农50万头生猪产业链的基础上，探索出了“1+5”生态循环产业扶贫新模式，使扶贫工作走上了政府组织、企业参与、资金整合、精准发力、全员脱贫的新路子，不仅为贫困户持续脱贫致富找到了新的路径，解决了返贫问题，还彻底解决了空壳村问题。

“1+5”生态循环产业扶贫模式即“政府+龙头企业+金融部门+养殖专业合作社+农场主+贫困户”，该模式的具体做法是县委、县政府是产业扶贫的组织者，通过制定规划、搭建平台、整合项目、落实政策，做到产业扶贫精准发力；龙头企业制定生猪养殖标准，圈舍建设标准、环保设施标准，全程提供生产原材料和技术服务，回收产品（育肥猪），实现生猪扶贫产业转型升级；金融部门通过为贫困户提供全程金融服务，破解了扶贫户筹资难题；扶贫专业合作社通过健全合作社章程，构建利益分配机制，选择职业经理人经营管理，真正成为产业扶贫的主体；农场主通过流转土地，连片种植果园，消纳生猪粪便，成为种养结合、生态循环的关键；贫困户用扶贫贷款折股入社，按股分红。正大集团坚持在养殖环节不赚或少赚贫困户的钱，把赢利点放在饲料生产、畜产品深加工、品牌溢价、规模经营等环节，每栋“1100”生猪代养场的代养费年纯收入在30万元以上，扶贫专业合作社的收益除逐年归还农户贷款和扶贫周转金外，全部用于贫困户和集体分配，在贷款和周转金未还完前，集体适当少得分红。前5年，贫困户每年可以户均分得5 000元以上，集体可分得20 000元以上；5年后，户均分得10 000元以上，集体每年可分得50 000元以上，彻底解决了空壳村问题。

截至目前，全县已建设“1+5”扶贫生猪代养场55栋，其中51栋已投产，49栋已实现一次以上分红，共扶持2 098户贫困户6 238个贫困人口实现脱贫，29个贫困村全部告别空壳村、甩掉穷帽。

3. 种养结合生态循环模式 梓潼县对种植和养殖业进行统一规划，探索出了种养结合、生态循环、生产与治污双赢模式。①统筹规划，科学选址。建立了由自然资源局、生态环境局农业农村局、林业局等部门参与的生猪养殖场选址专家组，进行统一规划、统一选址，确保选址论证科学、安排合理。在新建养殖场时坚持雨污分流、干湿分离、沼气净化、种养结合、循环利用，严格执行环保设施“三同时”制度，即养殖场规划设计时环保设施必须同时设计、养殖场建设时环保设施必须同时建设、养殖场建成必须经环保设施验收合格后同时投产。②建立“以养定种、以种定养”机制。“以养定种”即以养殖规模确定在附近配套发展种植园的规模，“以种定养”即以现有种植园规模确定在附近建设养殖场的规模。该县充分统筹考虑与资源环境承载力相匹配，经过严密分析论证，确定按照5头猪配套1亩种植用地的标准，合理发展50万头生猪养殖和20万亩蜜柚种植规模（图8），达到种养平衡，实现种养结合、化污为宝、生态循环。种养结合打通了养殖粪污还田利用通道，将生态环境优势转化为经济优势，既可就近全量消纳养殖粪污，降低粪污处理和运输成本，实现粪污处理无害化、资源化；也可为种植园提供有机肥，改良土壤，培肥地力，减少农药化肥用量及成本，提高农产品品质，实现优质优价。③创新四种生态循环模式。即“大型规模养殖场+有机肥厂”的市场循环模式，将粪污通过工厂化处理转化为有机肥，实现零污染、零排放；“养殖场+沼气池+果园”的合作循环模式，引入沼气服务站社会化服务，在养殖场和蜜柚种植园之间统一建设管网设施、统一经营管理，实现种植与养殖无缝衔接；“适度规模经果园＋适度规模养殖场＋沼液灌溉”的园场循环模式，做到种养平衡；“规模以下养殖场（户）＋户用沼气池＋种养循环”的家庭微循环模式，实现粪污就地就近循环利用。

图 8　20 万亩蜜柚基地

人民日报 2017 年 3 月 22 日对该县在农业供给侧结构性改革中探索发展种养结合绿色农业的先进经验进行了专题报道；中央电视台 7 套科技苑栏目采访报道该县循环农业和“1＋5”产业扶贫。“1＋5”生态循环产业扶贫模式入选 2016 年四川省十大改革转型发展案例。

（三）效益分析

1. 经济效益　通过 2019 年畜禽粪污资源化利用项目的推进，全县畜禽粪污全量化循环利用规模养殖场增加 60 余个、2 家有机肥厂经改扩建提高产能，实现年增产 9 万吨有机肥、生态循环农业基地 30 万亩、休闲农业经营主体 50 余家。在种植环节，使用有机肥种植的蜜柚市场价格每千克提高 0.4 元，每亩增收 2 000 元，年可节肥节人工 600 元，14.5 万亩蜜柚将增收 4 亿元、节肥节人工 1.2 亿元。在养殖环节，1 栋生猪代养场年收益可达 40 万余元，参与扶贫生猪代养场的贫困户年户均可分得 4 000 元以上，项目实施村集体可分得 2 万元以上，5 年还贷结束后将实现分红翻番。在休闲农业环节，年接待游客 65 万余人次，综合经营性收入 2 亿元以上，带动近 2 万人就业增收。

2. 社会效益　可有效改善目前的生态环境，提高当地居民的生活环境质量；能够有效解决畜禽粪污、过量化肥，对河流湖泊、地下水等水体污染的问题，减少水源水质的安全隐患，消除人们对饮水问题的担忧；有机肥的使用，提高了农产品品质，让居民吃上放心食物；此外，有机肥产业化生产对畜禽产业化、种植业产业化有很好的带动作用，可有效实现种养结合，实现农业的循环发展；同时可增加就业，项目实施后可新增就业岗位 280 个，相关产业的提升带动近 2 万人就业增收。

3. 生态效益　推进畜禽粪污资源化利用，能够实现畜禽粪污的源头减量、过程控制、末端利用，有效控制畜禽粪污的排放和治理。减轻对水系和水体的污染，解决当地因畜禽粪污污染带来的环境问题，粪便产生的恶臭得到净化，使全县畜禽粪污综合处理利用率提高到 95％以上，最大程度降低畜禽养殖对环境的影响。

云南省会泽县

一、概况

（一）县域基本情况

会泽县隶属于云南省曲靖市，位于云南省东北部、金沙江东岸、曲靖市西北部，地处东经103°03′—103°55′、北纬25°48′—27°04′之间。全县辖23个乡（镇、街道），376个村委会（社区）。2016年年末，全县总人口104.47万人，其中农业人口90.43万人。该县属典型的温带高原季风气候，四季不明，夏无酷暑，冬季寒冷，干湿分明，立体气候特点突出，有“一山分四季，隔里不同天”之称。地貌景观以山地为主，面积5 600余千米^2；其次为盆地地貌；部分为冰川地貌。全县年均降水总量54亿米^3，水资源总量为24亿米^3。会泽县是国家级深度贫困县和乌蒙山片区集中连片特殊困难地区县。贫困面大、程度深，目前有贫困人口26.16万人，居全省第2位，贫困发生率达28.93%。

（二）养殖业生产概况

1. 畜牧养殖和产业发展情况 会泽县是国家生猪调出大县，也是全国生猪、肉牛、肉羊优势区域县。2016年全县实现畜牧业产值42.42亿元，占农业总产值的52.1%。其中，生猪存栏89.22万头，出栏144.66万头；牛存栏36.74万头，肉牛出栏18.17万头；羊存栏52.69万只，肉羊出栏50.17万只；蛋鸡存栏121万只，肉鸡出栏534.50万只，肉类总产33.65万吨。

2. 畜禽粪污产量测算情况 会泽县2016年出栏、出栏、存栏各类畜禽总数894万头、只，产生粪污总量405.633万吨。详见表1。

表1 会泽县2016年畜禽粪污产生量

出栏	数量	粪污量（万吨）	排放标准折算	猪当量（万）
猪	1 450 000（头）	152.83	1	145
牛	180 000（头）	197.1	5	90
羊	500 000（只）	36.5	3	16.7
蛋鸡（存笼）	1 210 000（只）	5.203	30	4.03
肉鸡	5 600 000（只）	14	60	9.3
合计	8 940 000（头、只）	405.633		265.03

根据国家环保部推荐的估算系数，会泽县2016年养殖粪污中COD共计84 025吨，BOD_5共计94 920吨，NH_3-N含量9 821吨，总氮含量25 104吨，总磷含量6 316吨（表2）。

表2　会泽县2016年畜禽规模养殖粪污中污染物含量统计

项目	生猪（出栏）	牛（出栏）	羊（出栏）	蛋鸡（存栏）	肉鸡（出栏）	合计
数量	1 450 000（头）	180 000（头）	500 000（只）	1 210 000（只）	5 600 000（只）	8 940 000（头、只）
粪便量（万吨）	57.71	131.4	27.38	5.203	14	235.693
尿液量（万吨）	95.12	65.7	9.12	—	—	169.94
COD（吨）	38 570	46 441	1 268	2 341	6 300	94 920
BOD_5（吨）	37 668	36 037	1 122	2 492	6 706	84 025
NH_3-N（吨）	3 121	5 563	219	249	669	9 821
TP（吨）	2 463	1 931	891	279	752	6 316
TN（吨）	6 532	13 352	3 330	512	1 378	25 104

（三）种植业生产概况

会泽县现有耕地75.37万亩，林地521.5万亩。2016年全县农作物总播种面积326.63万亩，其中，玉米种植41.4万亩，实现产量17.5万吨、产值1.4亿元；马铃薯种植80.2万亩，实现产量26.5万吨、产值7.97亿元；水稻种植7.03万亩，实现产量2.6万吨、产值0.21亿元；麦类及杂粮种植28.2万亩，实现产量3.6万吨、产值0.68亿元。核桃种植104万亩，大树青椒种植4.5万亩，林下经济利用面积达6万亩，森林蓄积量1 300万米^3、产值2亿元、增加值1.63亿元以上。特色经济作物种植62.97万亩，实现产量93.78万吨、产值10.6亿元。其中，蔬菜种植52.2万亩，实现总产84.1万吨（鲜重）；水果种植8.3万亩，水果产量8.6万吨；中药材种植1.76万亩，产量1.08万吨；花卉种植1.21万亩。

按照《畜禽粪污土地承载力测算技术指南》（农办牧〔2018〕1号）测算，全县75.7万亩土地可容纳猪当量354.28万个猪当量，而全县目前仅265.03万个猪当量，仍有发展畜牧业的空间（表3）。

表3　土地承载力

作物种类		种植面积（万亩）	单位土地承载力（取平均值）	土地承载力（万个猪当量）
大田作物	小麦 水稻 玉米 大豆 马铃薯	129.73	1.10	142.70
蔬菜	黄瓜 番茄 青椒 茄子 大白菜 萝卜 大葱 大蒜	56.7	1.61	91.29

（续）

作物种类		种植面积（万亩）	单位土地承载力（取平均值）	土地承载力（万个猪当量）
果树	果树	8.3	0.40	3.32
经济作物	油料 烟叶	62.97	0.85	53.52
人工草地	黑麦草 人工种草	72.84	0.30	21.85
人工林地	核桃	104	0.40	41.6
合计				354.28

二、总体设计

（一）组织领导

为确保畜禽粪污资源化利用整县推进工作的有效开展，会泽县下发了《会泽县委办公室会泽县人民政府关于成立会泽县畜禽粪污资源化利用工作领导小组的通知》（会办通〔2017〕65号）文件，成立了以县长任组长，分管畜牧的副县长任常务副组长，生态环境局局长和畜牧兽医局局长任副组长的畜禽粪污资源化利用项目工作领导小组，县项目领导小组定期召开联席会议，会商项目实施工作进展，协调解决有关问题。相关乡（镇）、街道也成立相应的组织领导机构和具体负责单位，明确一名主管领导、一个主管部门和一名具体联系人员，负责本乡（镇）、街道项目的实施和与县局的联系，为推进项目实施提供组织保障。

（二）规划布局

会泽县畜禽粪污资源化利用整县推进项目涉及规模养殖场217个，区域性粪污收集处理中心12个，有机肥加工厂1个，规模以下养殖场（户）617个。

（三）管理原则

1. 源头控制，一场一策 对规模养殖场严格进行环评审批，对新建场开展多部门联合选址、联合审批制度；加强规模养殖场标准化改造，完善提升粪污处理利用设施。结合每个规模养殖场实际，规范和指导其制定有针对性的畜禽粪污综合治理方案。

2. 突出重点，分类建设 重点抓好规模养殖场的粪污综合治理和利用，按照不同畜禽品种、饲养规模和分布地域，分类探索粪污综合治理方式方法，科学确定资源化利用的综合治理模式。

3. 因地制宜，就地消纳 充分考虑当地畜禽粪污分布、利用实际情况，立足自然地理特征、经济社会发展水平和发展要求，顺应农民意愿，科学确定粪污资源化利用技术路线，集成不同区域特色的利用模式，分区分类施策，就近消纳。

4. 农牧结合，循环利用 以种植业为依托，以堆放发酵农家肥和有机肥加工为手段，积极引导畜禽养殖场和农户建立紧密结合、互惠互利的生产方式，打通畜禽粪污肥料化利用通道，努力实现区域内种植业和养殖业资源循环利用。

5. 政府引导，企业主体 采取以奖促治、以奖代补等形式，扶持规模养殖场开展粪污资源化利用，引导企业自主进行综合治理，进一步加大投入力度。

（四）工作机制

1. 总体思路 以“养殖规模化、生产标准化、废弃物利用资源化”为核心，统筹考虑县域种养规模、资源环境承载力及畜禽养殖污染防治要求，以粪污资源化利用为主要措施，规模养殖场粪污综合利用设施改造，提高畜禽粪污综合利用率，减缓常规农业生产方式给资源和环境造成的严重压力；积极探索畜禽粪污统一收集、集中处理和利用模式；大力推广农牧循环、沼气利用、有机肥加工等资源化利用。按“政府主导、企业主体、大户主责、部门主管”的机制支持市场主体建设畜禽粪污集中处理设施和畜禽规模养殖场建设粪污就近收集处理利用设施，促进畜禽养殖污染减量化排放、无害化处理、资源化利用。

2. 配套政策 会泽县县委、县政府高度重视畜牧产业的发展，特别是引进广东温氏生猪一体化项目中针对粪污处理设施的建设和用地、资金支持等方面出台了相应的扶持政策。一是在资金上优先扶持环保设施建设。在会泽县人民政府《支持会泽温氏生猪一体化家庭农场建设的意见》（会政办发〔2017〕7号）文件明确规定：凡是标准化猪舍面积达1 000米^{2}以上的，按照出栏头数给予扶持，对按要求完成环保设施配套的家庭农场及养殖小区，按其购买猪苗数量给予20元/头的环保奖励。二是在用地上优先保障粪污处理环保设施的所需。自2016年以来，县政府拿出专门的资金将6 387.33亩基本农田地调规为一般农用地，为182户规模养殖场及家庭农场的建设提供养殖用地和污物处理利用设施建设用地。三是统筹整合财政涉农资金加大农村畜禽粪污的处理力度。利用金融政策扶持规模养殖户全面落实畜禽粪污设施的建设。对完全按照畜牧、环保部门和温氏集团要求建设粪污处理设施的规模养殖户，每户政府给予3年期60万元无担保、无抵押、年利率5.7%的贷款额度，并给予3%的贴息补助。

3. 工作方法

（1）畜禽粪污肥料化利用 依托农作物种植面积大、土壤贫瘠、有机肥严重不足的状况，按照畜禽粪污肥料化利用模式，走种养结合、农牧循环的治理路径（图1）。

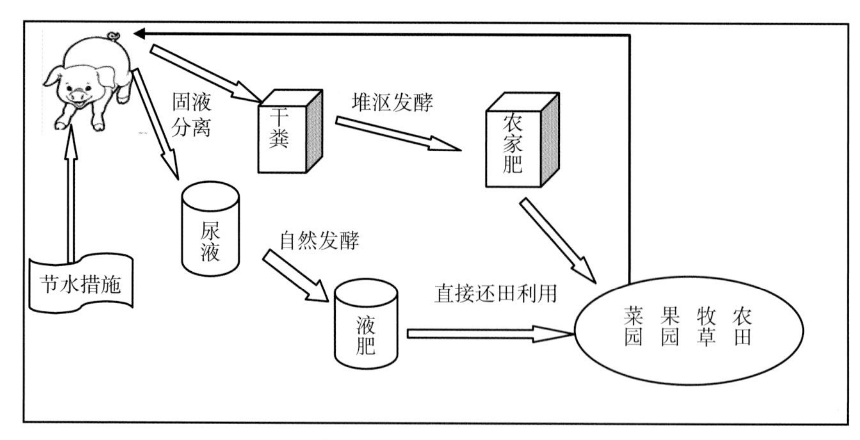

图1 畜禽粪污肥料化利用治理方式

（2）分级治理 根据养殖规模和集约化程度采用不同的治理方式。会泽县养殖户分布广，养殖畜禽品种杂，各个乡（镇、街道）之间形成了相对独立的地理格局。绝大部分适度规模养殖场均处于农田周边，完全具备自我消纳畜禽粪便的能力；但部分养殖场由于规模较大，地处相对集中的村落，养殖集约化程度较高，依靠周边农田难以直接消纳畜禽粪污，需要集中收集处理。为此，会泽县在畜禽粪污治理途径上，采取了以下三种收集方式。一是规模以上养殖场，由养殖场自建粪污收集池、异位发酵床、堆粪发酵棚等畜禽粪污处理设施，制作初级有机肥还田利用；二是集约化程度相对较高的区域，通过种植专业合作社、第三方治理机构、有机肥加工厂等建设畜禽粪污收集点，加工为有机肥直接还田或出售；三是通过招商引资，采用PPP模式，建设有机肥加工厂，将畜禽粪污加工成高档有机肥，直接销售给蔬菜、药材、果园等种植基地，替代化肥生产生态水果、有机蔬菜等高档农产品。

（3）主推模式 根据规模养殖场畜禽粪污排放方式的不同，采用不同的畜禽粪污处理模式，主要有异位发酵床模式、固体粪便堆肥＋污水肥料化利用模式、UASB＋两级AO处理系统模式、畜禽粪便养殖黑水虻＋污水种植狐尾藻模式4种模式。

（4）合理开展禁养区治理工作 由会泽县生态环境局牵头，县畜牧兽医局协助开展畜禽养殖禁养区的划定工作，编制畜禽养殖禁养区划定方案。对位于禁养区范围的规模养殖场，进行拆除或搬迁，注销51家规模养殖场的《动物防疫条件合格证》。

4. 部门协调 各乡（镇、街道）、部门按照职责分工，在会泽县工作领导小组的统一指挥下，加强沟通协调，搞好对接配合，争取多方支持，形成工作合力。县级将组成督导组对各地完成情况进行定期督导检查，通报督查结果。县畜牧兽医局负责试点工作的技术指导和日常管理工作；县生态环境局负责落实畜禽规模养殖环评制度，督促规模养殖企业和养殖户落实强制性畜禽粪污资源化利用制度；县自然资源局负责落实畜禽粪污资源化利用用地；县供电公司负责落实规模养殖场内养殖相关活动农业用电政策；县农业农村局负责组织协调种养产业对接，加强粪肥还田技术指导。

三、推进措施

根据项目建设指导思想，按照“缺什么，补什么”的原则，重点支持畜禽粪污收集、处理、利用环节的基础设施建设和设备安装，有机肥加工及配套工程建设。

（一）规模养殖场

规模养殖场中年出栏生猪500头以上的猪场147家，年出栏肉牛50头以上的养殖场35家，年出栏肉羊100只以上的养殖场20家；年饲养蛋鸡2 000只以上的养殖场8家，年出栏肉鸡10 000只以上的养殖场5家，建设粪污储存池33 585米^3、储粪棚16 702米^2、异位发酵床17 610米^2、堆粪发酵车间2 450米^2、雨污分离沟或管道50 412米、饮水器溢水导流槽10 112米。购置自动翻耙机及喷污设施59套，污水泵213台，自动补水节水碗1 520套，20米水车式翻堆机、调质池及输粪装置各1套，槽式翻抛机、喷雾平台、移位车、轻轨及自控柜等各1套。

（二）规模以下养殖场（户）

规模以下养殖场（户）按照《云南省进一步提升城乡人居环境五年行动计划》，通过完善村规民约，发挥村民自治作用，村庄保洁员监督落实规模以下养殖场（户）的粪污入地利用。在田间地角将畜禽粪污与废弃的饲草、枯枝落叶、煤灰、农作物秸秆等堆积发酵后还田。

（三）第三方处理中心

对全县的密集养殖区及云平台规模以下养殖场（户），依托 12 个粪污收集处理中心，对周边 10～20 千米半径范围内的粪便和污水进行收集并集中处理。利用好氧堆肥发酵技术对粪便进行集中处理，经过粉碎、配料、造粒、干燥、包装等流程生产商品有机肥。建设 12 个粪污集中收集处理中心，包括储液池3 000米^3、储粪棚3 000米^2、固液分离设施 10 套、自吸式（肥水）输送车 10 辆、粪污转运车（干粪）12 辆。

（四）农牧结合种养平衡措施

会泽县编制了《会泽县种养循环发展规划（2018—2020 年）》（会政办发〔2018〕51 号）并印发到各乡（镇、街道）。规划要求到 2020 年，通过探索不同区域、不同体量、不同品种的种养结合循环农业典型模式，建成 10 个种养循环农业示范区、40 个示范点，畜禽粪污综合利用率达 90%以上，县域内种养结合生态循环农业基地面积达到 80 万亩，种养结合程度达 90%以上，农业生态环境整体改善；环境友好型农作制度、清洁生产和节能减排技术广泛应用，建立起畜禽粪污综合利用管理计划、生态循环农业建设指标体系，基本建成会泽特色的种养结合现代农业发展模式和农业可持续发展长效机制。全县 11 个畜禽粪污收集处理点，由公司或合作社承建在水果、蔬菜、药材等种植基地，收集点对辐射半径内的粪污进行收集、处理和利用，既可解决畜禽粪污处理难，又可解决种植基地肥料不足的问题，目前，收集点按照 180～220 元/吨的价格收集固体粪便，液态粪污（粪尿混合）由养殖场（户）免费提供，仅娜姑镇的 2.3 万亩盐水石榴基地年消纳粪污就达 4 万吨以上，对有机肥替代化肥，打造绿色优质农产品生产基地，提高产品知名度和附加值，促进果蔬种植户增收和精准脱贫发挥了作用。会泽盐水石榴、草莓等水果品质优良，深受消费者的青睐，远销到省内外，市场前景看好。

四、实施成效

（一）目标完成情况

按照《云南省农业厅云南省财政厅关于会泽县畜禽粪污资源化利用项目实施方案的批复》（云农牧〔2017〕78 号）文件要求，全县 215 个畜禽规模养殖场、11 个畜禽粪污收集处理点和 1 个有机肥加工厂共计 227 个项目实施主体计划投资 7 795 万元，其中中央财政补助 3 650万元、企业自筹4 145万元，财政补助资金主要支持畜禽粪污收集、贮存、处理设施设备和输送管网建设。227 个项目实施主体建设完成储粪设施63 793米^2，占计划数53 722米^2

的 118.7%；粪污储存设施51 342米^3，占计划数44 969米^3 的 114.2%；网管及雨污分流沟 79 869米，占计划数68 484米的 116.7%；设备购置 276 台（套），占计划数 203 台（套）的 134%。

（二）工作亮点

会泽县畜禽粪污资源化重点以肥料化为主要利用方向，大力推行“农牧结合，入地利用”，使畜牧业与种植业、农村生态建设协调发展，走农牧结合的资源化利用道路。

①有农地配套的规模养殖场，由养殖场自建粪污储存池、异位发酵床、堆粪发酵棚等粪污处理设施，发酵处理后还田利用。

②无农地配套的规模养殖场和养殖密集区域，通过种养专业合作社、公司、有机肥加工厂等建设畜禽粪污收集处理点，处理后直接利用到蔬菜、药材、果园等种植基地或加工成有机肥出售，替代化肥生产有机水果、蔬菜等绿色农产品。

③规模以下养殖场（户）按照属地管理原则，结合农村环境整治的要求，完善村规民约，签订粪污还田利用协议书，发挥村民自治作用。村庄保洁员监督落实粪污入地利用，并健全农村规模以下养殖场（户）畜禽粪污资源化利用台账，以自然村、组为单位，指定专人填写，一组一册，由村委会统一保管，做到“养殖有记录，产生有数量，利用有渠道”。

④充分发挥财政资金的杠杆作用，撬动大型规模养殖场的社会资本，高标准地建设粪污处理设施装备。全县规模最大的奋斗猪场、天兆隆升牧业、大明养殖公司等粪污处理工艺为该县生猪养殖行业粪污资源化利用起到了很好的示范带动作用。

⑤认真配套政策落实。畜禽规模养殖场和粪污收集处理点建设粪污处理设施用地按照养殖设施农用地备案，电价按农业用电执行。对使用先进养殖工艺，安装料线、节水型水料一体化的料筒、环控设施、漏粪网板全量收集粪污，带动建档立卡贫困户 10 户以上的家庭农场，经验收合格后按照出栏规模一次性给予 15 万～30 万元的奖励。

（三）效益分析

1. 社会效益 会泽县是农业大县，也是国家扶贫开发重点县，养殖业历来是农民收入的主要来源。本项目的实施，提高了养殖场基础设施、粪污治理设施及养殖环境管理水平，延伸和完善了畜牧业的产业链，带动种养业发展，推进农业绿色发展步伐，实现农牧业健康稳定发展。

2. 经济效益 该项目通过建设覆盖全县的畜禽粪污统一收集、集中处理，生产的沼气、有机肥、沼肥等产品，通过产品销售实现一定经济收益。随着人们对优质农产品的需求逐步增加，实行种养结合、有机肥替代化肥，可改善土壤质量、提升地力、提高农产品的质量和安全性，种植绿色有机农产品，可提升农畜产品附加价值，增加农民收益。

3. 生态效益 畜禽粪污中含有的大量 COD、氮、磷等污染物，项目重点对规模畜禽养殖场固体和液体废弃物进行资源化处理与综合利用，建立和完善“畜禽—沼气—肥料—种植”生态农业、循环农业发展模式，可有效处理畜禽粪污，实现资源化利用，极大地改善养猪场周边的环境。项目通过肥料化利用可减少粪污直接排放对水体等环境的污染，改善农村人居环境质量，维持农业生产系统平衡，对周围农业生产有极大的促进作用，对于改善项目区农村人居环境也有重要促进作用。

北方地区

河北省安平县

一、概况

（一）县域基本情况

安平县是河北省衡水市下辖县，古称博陵，自汉高祖时置县，迄今已有 2 200 多年历史，地处太行山前冲积扇前缘，境内多为滹沱河冲积平原，因“众官民安居乐业且地势平坦”而得名。地处衡水、保定、石家庄三市交界处，总面积 505 千米^2，耕地总面积 47.54 万亩*，辖 5 镇 3 乡 230 个行政村，人口 33 万人。安平县多年平均降水量为 486.3 毫米，多年平均水资源总量为 4 573.1 万米^3，平水年、枯水年水资源总量分别为3 996.9万米^3 和 2 542.6 万米^3。境内有滹沱河、潴龙河两条行洪河道，分属海河水系的子牙河系和大清河系，均为季节性行洪河道。安平县是全国首个“国家级县域经济信息化试点县”、河北省首批“扩权试点县”、“全国粮食生产先进县”、“农业产业化经营示范县”等。

三次产业之比为 9.19∶51.08∶39.73。农林牧渔业总产值 29.44 亿元，其中畜牧业产值 17.37 亿元，占农业总产值的 59%，生猪产值占畜牧业总产值的 80%。安平县是全国生猪调出大县。全县出栏生猪 83.10 万头，实现销售收入 15 亿元，农民人均纯收入增加 1 900 元，占全县农民人均纯收入的 15%。

（二）养殖业生产概况

截至 2016 年年底，安平县猪、牛、羊、鸡存栏分别为 49.6 万头、0.54 万头、3.4 万只和 39.65 万只，出栏量分别为 83.1 万头、0.15 万头、3.06 万只和 30.13 万只。生猪规模养殖率达到 92.2%。肉、蛋、奶产量分别为 8.3 万吨、1.8 万吨、9 600 吨。

全县畜牧业年粪污总量为 102.3 万吨，其中牛粪 4.48 万吨、鸡粪 2.46 万吨、羊粪 1.76 万吨、猪粪 93.6 万吨，猪粪占粪污总量的 91.5%。全县 74 家规模养殖场中，61 家建有合格的畜禽粪污处理贮存利用设施，设施配建率达 82.4%。规模以下养殖场 336 家，其中养猪场 230 家，禽、牛、羊等养殖场 106 家，大部分有简易的处理、贮存设施，年产粪污 7.6 万吨，一般采用堆沤发酵、直接还田。

（三）种植业生产概况

安平县是全国粮食生产先进县，全县耕地面积 47.54 万亩，均为水浇地，农民人均耕地

* 亩为我国非法定计量单位，1 亩≈667 米^2。——编者注

1.8亩。近年来通过开展高产稳产粮田创建、小麦及玉米水肥一体化、小麦保护性耕作等技术推广，粮食综合生产能力得到发展。目前，主要以小麦和玉米种植为主。2016年，小麦播种面积为22.77万亩，产量9.63万吨，亩产423千克；玉米播种面积为31.42万亩，产量10.94万吨，亩产348千克，单产均略高于全省平均水平。经济作物种植以蔬菜、瓜果、果树种植为主，其中蔬菜种植面积1.31万亩，总产量4.21万吨；瓜果类面积0.345万亩，以西瓜、甜瓜为主；果树面积为5.8万亩，以苹果、葡萄为主。2016年，化肥使用量达到3.26万吨，有机肥使用量为1万吨，有机肥使用比例仅为肥料使用总量的23%。

对不同区域畜禽养殖情况及粪肥养分供给量、不同区域耕地面积粪肥氮养分负荷和不同区域作物养分需求等分析表明，安平县畜禽养殖粪便养分负荷超载，对环境影响较严重。从不同区域来看，由于畜禽养殖发展不平衡，粪便养分负荷差距较大，西两洼乡、南王庄镇超载严重，安平镇负荷情况最轻，基本对环境无影响，其他乡镇负荷警报为有影响或稍有影响。

二、总体设计

（一）组织领导

由安平县领导及相关部门组成试点县领导小组，由县长任组长，主管副县长任副组长，安平镇、两洼乡、黄城镇、南王庄镇、子文镇、何庄乡、马店镇、油子乡等地，发展和改革、财政、住房和城乡建设、农业农村、自然资源和规划、生态环境、安全生产监督管理、质量技术监督、电力等部门，以及河北裕丰京安养殖有限公司等单位主要负责人为成员。领导小组下设办公室，办公室设在县农业农村局，具体负责协调、解决试点县创建过程中出现的各类问题、推进项目建设和规范运营。

（二）规划布局

安平县畜禽粪污资源化利用试点县工作，采取整县推进全量化利用方式，通过建设粪污集中及分散式处理设施，进行有机肥、沼气生产，再通过沼气发电、沼气提纯生物天然气、沼渣沼液生产有机肥，并配套建设生物天然气输送管网、液肥加肥站等农田施用设施，实现沼气入户、有机肥还田，形成“县域农牧业废弃物一律不剩，园区外部能源一律不用，县域化肥使用量一律不增”的“三个一律”粪污资源化利用模式。

（三）管理原则

1. 坚持整县推进 落实属地管理责任，安平县政府对全县畜禽粪污资源化利用工作负总责，探索建立强制性畜禽粪污资源化利用制度；各乡镇政府对辖区内畜禽养殖废弃物处理负责，加强监督和管理；强化规模养殖场主体责任，完善粪污收集、储存、处理设施。

2. 坚持重点突破 以生猪规模养殖场为重点，指导老场进行改造升级，对新场严格规范管理，鼓励养殖密集区进行集中处理；结合不同规模、不同畜种养殖场的粪污产生情况，因地制宜推广经济适用的粪污资源化利用模式，做到可持续运行。

3. 坚持种养结合 统筹考虑资源环境承载能力、畜产品供给保障能力、畜禽粪污资源化利用能力，科学规划农牧业发展布局，推进种养结合、循环发展，实现区域内种养基本平衡，畜禽粪污就地就近消纳。

4. 坚持市场化运作 完善激励政策措施，鼓励和引导各类社会资本参与畜禽粪污资源化利用，建立有效的畜禽粪污资源化利用机制、市场运营模式、政策支持体系和责任监督制度，加快构建产业化发展、市场化运营、科学化管理和社会化服务的畜禽粪污资源化利用新格局。

（四）工作机制

1. 总体思路 按照“整县推进、资源化利用、绿色生态、循环发展”的理念，以生猪养殖粪污处理利用为重点，以打造粪污收集、储存、运输体系为保障，以先进的大型沼气工程全量化处理为关键，以有机肥替代化肥提高农产品品质为方向，坚持“政府引导、企业主体、市场运作”原则，建立有效的畜禽粪污资源化利用机制、市场运营模式、政策支持体系，整县制推进，实现畜禽粪污资源化利用试点县目标。安平县畜禽粪污资源化利用整县推进总体路径见图1。

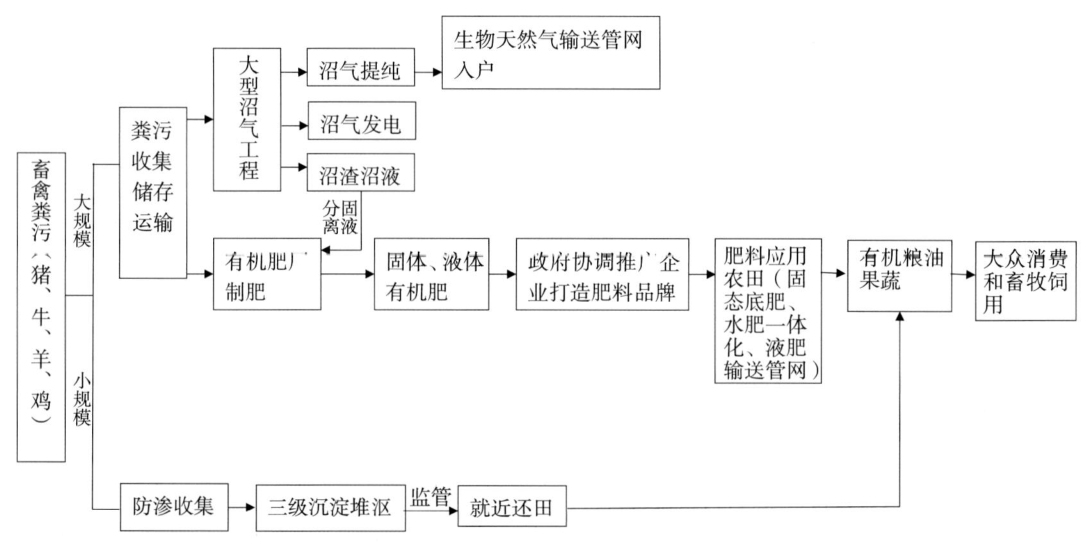

图1 安平县畜禽粪污资源化利用试点县工程项目总体路径

2. 配套政策 进一步完善和制定《关于促进生猪养殖产业健康发展的实施意见》《关于推进病死动物无害化处理工作的实施意见》《关于大力开展畜禽粪污资源化利用工作的实施意见》等政策文件；继续执行养殖占地按农用地审批、生猪养殖保险补贴等政策，认真落实《安平县畜禽养殖禁养区限养区划分方案》，实行规模养殖环境影响评价制度，养殖场必须有与之相匹配的粪污土地消纳面积；加大资金统筹力度，确保资金向畜禽养殖粪污无害化处理适度倾斜，加大粪污收集、储存、运输、处理等各环节的支持力度，全力保障畜禽粪污资源化利用试点县建设工作顺利开展。

整合生猪调出大县奖励资金，对符合生猪调出大县资金项目要求的养猪场，包括部分规模以上养猪场和100头以上的规模以下养猪场，采取“先建后补”的形式，由养猪场建设粪污暂存处理设施，验收合格后，依据建设规模和投资总量按比例分配生猪调出大县奖励资金。达不到生猪调出大县资金支持要求的规模以下养猪场（户）和禽、牛、羊规模以下养殖场（户），自建堆沤场或污水沉淀池，由县财政列支300万元，对其进行补贴。养殖场（户）采用干清粪形式，建设50米^2 以上防渗、防溢、带顶棚的堆沤场或防渗沉淀池50米^3 并确保粪污最终实现综合利用，经验收合格后，县财政给予一次性0.5万元补贴，每增加50米^2 或50米^3 增加补贴0.5万元。补贴总额以实际完成工程量为准。

3. 部门协调 深入贯彻畜禽粪污处理及资源化利用各项政策部署，畜禽粪污资源化利用试点县建设工作实行领导责任制，主要领导负总责，主管领导抓全面，相关职能部门看具体，各司其职，相互配合，齐抓共管，协调统一，确保试点县各项建设工作落实。农业农村局：主要负责牵头制定切实可行的实施方案，组织开展畜禽粪污资源化利用工程建设工作，科学规划规模养殖场（区）的分布，全面推行科学化、标准化生产，制定畜牧业发展规划，抓好病死畜禽无害化处理及畜禽粪便综合利用工作。完善突发事件处置工作，健全县、乡（镇）、村畜牧业绿色发展体系。认真搞好技术指导和服务，组织开展畜禽养殖技术培训，组织项目验收。生态环境局：主要负责全县畜牧业产地污染源的监督管理和污染事故的查处工作，加强污染排放监测检查，严格执法，确保畜禽养殖粪污处理措施严格按照法律法规的要求执行，保证所辖范围内养殖污染零事件。财政局：主要负责统筹项目经费管理，保证畜禽粪污资源化利用试点县创建过程财政投入满足工作实际需要，统筹各项支农惠农政策，向畜禽粪污资源化利用倾斜，有力支持畜禽粪污资源化利用试点县建设。发展改革局：主要负责将畜禽粪污资源化利用工作纳入全县国民经济和社会发展计划，与农业行政主管部门做好全县畜禽粪污资源化利用体系建设，协调指导畜禽粪污资源化利用试点县创建过程中涉及的项目申报、审批等工作。自然资源和规划局：主要负责畜禽粪污资源化利用工程用地规划、审批。监察局：主要负责监督乡（镇）政府和有关职能部门落实畜禽粪污资源化利用监管责任。对监管部门中失职、渎职等行为进行行政问责和行政监察。参与重大畜牧业事故的调查处理工作。各乡镇：主要负责辖区内畜禽粪污资源化利用工程日常监管工作、落实隐患排查、信息报告、协助执法、宣传等工作。督促辖区内各行政村保证有1～2名村干部具体负责本村的畜禽粪污资源化利用工作。督促辖区内各类养殖场（区）严格规范生产制度，落实自查自检制度和准出制度。协助查处辖区内各类环境污染事故。

三、推进措施

（一）规模养殖场

以各乡镇的种植大户和家庭农场为依托，按“就地就近”原则，推行干清粪，粪便堆制有机肥，污水经三级沉淀池处理后，用于周边农田灌溉，建设农用有机肥堆肥设施，采用槽式或条垛式好氧发酵工艺，配套建设集粪池、发酵池、储存间等设施，小型沼气工程等设备，所产有机肥就近还田；污水采用厌氧发酵罐（图2）和三级沉淀池进行处理，建设污水调节池、沉淀池和肥水储存池等，配套污水泵和管道等设备，实现沼气自用、沼渣还田、污水沉淀后灌溉的粪污全量化、资源化利用。

图 2　规模养殖场自建沼气工程

（二）规模以下养殖场（户）

利用环保倒逼机制，加大对全县所有规模以下养殖场（户）粪污储存池的检查力度，制定粪污储存池的标准，指导规模以下养殖场（户）建设粪污暂存设施（图 3），建立粪污收储运台账，与畜禽粪污集中处理中心签订粪污收购协议，统一收集运输，集中处理。

图 3　粪污暂存设施

（三）第三方处理中心

依托河北裕丰京安养殖有限公司，建设与大型沼气工程配套的畜禽粪污集中处理中心工程（图 4），年处理粪污 33.9 万吨；建设液体有机肥生产线，利用大型沼气工程产生的沼液，生产液体微生物复合肥 10 万吨、高端液体有机肥 1 万吨等；建设完善的畜禽粪污收储运体系，与部分规模养殖场和养殖户签订收集协议，采用管道输送和罐车输送相结合的方式，收集规模养殖场和规模以下养殖场无法处理的粪污，实现整县全量化处理。

图 4　安平市京安规模化大型沼气工程

（四）农牧结合种养平衡措施

1. 建立专业化的粪污收储运体系　成立粪污收运团队，利用安平县京安养殖专业合作社粪污收集车辆（图 5），对全县需要集中处理的粪污进行统一收集，由河北京安生物能源科技股份有限公司对收集来的粪污进行集中处理。构建粪污收储运长效运行机制，粪污按浓度分级定价，大于 8%的，养殖场收入 50～80 元/吨；小于 3%的，养殖场支付 20 元/吨的处理费。

图 5　粪污收集运输

2. 积极推进畜禽粪肥施用　新建沼液池 1 000米^3，固液分离机及配套设备 6 套，搅拌机 2 个，对沼气工程产生的沼渣、沼液进行分离；新建有机肥沼液肥车间 2 700 米^2 及附属设施，配套沼液预处理设备 1 套、沼液膜浓缩系统 1 套、沼液肥加工设备 1 套，生化池、膜池及纳滤装置等，实现年产液体微生物复合肥 10 万吨、高端液体有机肥 1 万吨，供应安平当地及周边饶阳、深州、安国共计 50 万亩蔬菜大棚、果树苗木、中草药种植使用（图 6）。该项目于 2018 年 12 月底完工，沼渣生产有机肥由已建成投产的养农有机肥厂处理。

图 6　畜禽粪污农田利用

四、实施成效

（一）目标完成情况

2017 年 10 月河北省农业厅、河北省财政厅对安平县上报的《畜禽粪污资源化利用试点项目实施方案》进行了批复，同意安平县制定的实施方案。该项目主要建设内容为畜禽粪污集中处理中心工程，粪污资源化利用通道工程和规模养殖场粪污处理设施改造提升工程。一是河北民丰牧业有限公司等 13 家规模养殖场粪污处理设施改造提升建设已完成，补助资金 300 万元已拨付到位。二是河北京安生物能源科技股份有限公司粪污资源化利用项目生物天然气供户工程，2017 年 12 月份拨付补助资金 500 万元。三是河北裕丰京安养殖有限公司畜禽粪污集中处理中心工程中的粪污收集管网及中水回用设施工程，2018 年 5 月 29 日拨付补助资金 500 万元。四是粪污预处理工程及配套设施、沼液肥生产车间、沼液肥生产设备、提纯及调压站等已完工，2018 年 12 月 13 日拨付补助资金 2 350 万元。所有工程均由安平县农业农村局会同安平县财政局组织第三方对其建设内容进行验收评审，保证了建设内容的真实和财务账目的规范。按照方案要求，项目总投资 7 600 万元，其中自筹资金 3 950 万元，中央财政奖补资金 3 650 万元已全部拨付到位，全县畜禽粪污综合利用率达到 92.14%，规模养殖场设施装备配套率达到了 100%。

（二）工作亮点

1. 工作机制创新

（1）坚持绿色发展导向，大力提升科技支撑能力 一是构建政、产、学、研、推机制。大力推进以企业为主体，政、产、学、研、推紧密结合的畜牧业科技创新体系建设，加大先进实用技术的示范推广，促进新技术、新品种、新材料的推广应用，鼓励和支持产业化龙头企业通过技术培训等，帮助中小养殖场（户）发展绿色畜牧业生产。二是推广第三方服务机制。以县政府为主导，企业为主体，市场化运作，推进畜禽养殖粪污集中处理工程建设。充分依托大型企业的粪污处理和综合利用能力，建立适应现代农业发展需要的生产经营服务体系，培养组建农业生产社会化服务组织，全县整体推进。三是探索建立绿色导向机制。实施绿色品牌战略，深入开展农产品无公害、绿色、有机产品认证，努力培育一批畜禽产品、农业产品知名品牌和驰名商标，提高市场占有率、产品附加值和产业效益。

（2）依托龙头企业，大力提升畜禽粪污资源化利用能力 安平县委、县政府依托龙头企业，紧紧围绕畜禽养殖中存在的“污水、粪便、病死动物、臭味”四类废弃物，大上治污工程，逐步实现了中水回用、生物有机肥、沼气能源的全利用模式。2015 年，投资 1.2 亿元，按政府和社会资本合作（PPP）模式，建设了日处理能力 5 万吨的污水处理厂，可满足养殖污水和县城生活污水的全量化处理，处理标准达到国家一级 A 类标准，处理后的水应用于园林灌溉、滨河公园的水源补充及部分工业用水。2015 年投资9 000万元建设了沼气发电厂，年处理粪污 30 多万吨，发电 1 500 多万千瓦・时，以每千瓦・时 0.75 元的价格并入国家电网；2016 年投资 5 000 万元建设了有机肥厂，利用发电厂沼渣沼液，年产固态和液态有机肥 25 万吨，年利润达 3 700 多万元。2016 年建设了病死动物无害化处理中心，采用高温炼制技术，年可处理病死动物10万头，无害化处理率达到了100%。处理后的肉骨粉和油脂，用来制作有机肥、工业用油等，实现了病死动物资源化利用的“用干榨净”。京安公司引进了中国农业科学院生物除臭和氨氮回收技术，通过源头减排和过程控制，该公司氨氮排放量降低60%以上，公司正在加紧在全县推广该技术。同时，2016年开工建设了生物质热电联产项目，已于2018年8月投产，年可处理秸秆42.7万吨，发电4.8亿千瓦·时，供热能力300万米^2，可实现对全县秸秆的全量化处理。京安公司的探索实践，实现了畜禽粪污的肥料化利用、沼气发电的能源化利用，为整县制粪污资源化利用奠定了坚实的技术、人才、装备基础。

(3) 大力推进配套设施建设，探索整县推进模式 安平县作为养殖大县，环境承载能力已接近极限，个别乡镇已出现超载。为此，安平县委、县政府确定了“粪污集中处理为主、分散处理为辅”的资源化利用整县制推进模式。一是推进畜禽粪污集中处理中心建设。投资1.89亿元，建设大型沼气工程二期，通过提纯沼气、生产生物天然气，为周边26个村庄、社区提供炊事、取暖用能；建设有机肥生产线，生产高端液肥；建设完善的粪污收、贮、运体系，与养殖场签订协议，采用管道输送和罐车运输收集粪污。二是加强养殖场（户）粪污处理设施提升。针对74家规模养殖场，大力推进粪污处理设施的改造提升，建设小型沼气工程34个、堆肥发酵设施40个。针对规模以下的336家养殖场（户），全部配套建设了粪污暂存设施。三是加快粪污资源化利用通道建设。结合5.1万亩的京安现代农业园，和覆盖11.2万亩的水肥一体化、喷灌、滴灌等农田水利工程，建设沼液肥加肥站、农田沼液肥输送管道等，实现液肥还田；沼渣肥通过大户使用、协议利用机制实现还田；高端沼液肥通过定制开发，实现定向销售。结合安平县政府2017年“煤改气”工程，建设中压天然气管道18 350米，入户管网11 262米，建立起生物燃气入户通道，一期解决9 000户农户的生活取暖用能。

(4) 大力推进机制创新，探索资源化利用的长效机制 一是粪污收集长效机制。采用粪污分级定价收集模式，县财政列支100万元对粪污收集、运输按30元/吨标准进行补贴，以实际收集粪污量为准。县农林局、生态环境分局派专人对粪污收集、处理过程进行监督，核实收集处理数量，登记造册。二是有机肥应用促进机制。深入开展农产品无公害、绿色、有机产品认证，县财政全额补贴认证费用，鼓励种植户应用有机肥生产绿色农产品。三是以养带种的“2080”机制。以20亩养殖场、80亩种植园为一个单元，通过养殖效益保障有机种植亩均效益1 000元，推广有机肥，提高农产品质量，借助品牌效应，提高销售收益。四是环保倒逼沼气入户机制。结合政府“蓝天行动”，在安平镇、两洼乡、黄城镇三个乡镇推进“禁煤区”建设，全部实施“煤改气”；通过补贴农户初装费及壁挂炉、灶具购置费，促进沼气入户；通过补贴农户沼气使用费，降低农户负担，提高沼气使用量。

项目完成后，安平县通过养殖废弃物资源化利用，可实现年处理养殖粪污84万吨，每年可减少地下水开采1 800万米^3，提供沼气能源1 300万米^3，可替代标准煤1.3万吨，替代化肥2.5万吨，COD等减排12万吨，初步实现“农业废弃物一律不剩、化肥使用量一律不增、煤炭能源一律不用”的绿色发展目标。

2. 取得初步成效

(1) 安平县以“打造治污新产业”为出发点，坚持“政府支持、企业主体、市场化运作”的原则，不断强化人才、技术、装备、机制等方面的创新，通过整县推进，实现“五个一”，即转变一个观念——变废为宝，粪污资源化利用；探索一个模式——可复制的、以沼气能源化利用为主导的整县全量化治理模式；创新一个机制——整县推进，集中处理，全面治污；建立一个体系——收集、储存、运输、处理、利用体系；培育一个产业——以粪污为资源的新型能源、养分综合利用产业。

（2）不断探索，形成了可输出、可复制推广的治污产业　一是输出政策支持模式。通过政府铺设管道，补贴农户每户初装费 2 000 元，推进“煤改沼气工程”的实施，促进沼气入户；通过全额补贴“三品”认证费用，落实“化肥替代行动”，全面推广使用有机肥。二是输出沼气工程治污模式。与瑞士第一沼气国际公司、中国农业科学院合作，组建了以专家、博士、专利持有人为核心的设计研发团队，攻克了北方地区低浓度粪污持续产沼气、沼气提纯、沼液膜浓缩等 6 项技术难题，为沼气治污奠定了坚实的技术基础。三是输出资源化利用模式。建设液肥加肥站，结合水肥一体化、喷灌、滴灌等农田水利设施，实现沼液肥还田；通过定制、协议、电商等不同形式，面向全国推广有机肥；建设 CNG 加气站，推广生物天然气入户利用等。通过全面总结完善安平治污的经验做法，委托京安公司复制与推广“安平模式”，目前已完成邯郸市临漳县、秦皇岛市卢龙县大型沼气工程，同山东省东营市等十几个县市签订了粪污治理协议。

（3）2017 年 4 月 28 日，“国家农业废弃物循环利用创新联盟京津冀地区畜禽养殖废弃物利用科技联合行动”启动大会在安平召开，京安公司与国家农业废弃物循环利用创新联盟、河北省畜牧兽医局、河北省农林科学院签订了“京津冀地区畜禽养殖废弃物利用科技联合行动协议书”，参会领导对该公司农牧业废弃物资源化利用方面所取得的成效、经验给予高度肯定，对以“三个一律”为核心的京安模式给予高度赞誉。

（三）效益分析

1. 经济效益　该项目通过养殖设施改造工程、沼气工程和有机肥工程等建设，大大提高了安平县的农业经济效益。

（1）养殖成本降低　通过种养一体化经营，畜禽粪便就近施入农田，节约运输人工等资源，降低了种养两业分离导致的过高交易成本，降低了养殖成本。

（2）种植成本降低　通过农家堆肥和有机肥工程建设，推动农家肥和有机肥替代化肥，极大地减少了化肥使用量，降低了种植成本。

（3）农民综合收益增加　通过沼气工程建设，项目年产沼气提纯后的生物燃气 1 095 万米^3，提高了农民的生活质量；实行种养结合，可以获得绿色有机农产品，提升了农畜产品品质，农民通过养殖增强了经营实力，增加了综合收益。

2. 社会效益

（1）环境质量有效改善　养殖场改造工程、粪污资源化利用工程等有效提高了畜禽粪污资源化利用率，降低了畜禽粪污在安平全县范围内造成的环境污染；有机肥工程建设，改善了作物生长环境，实现了绿色耕种，提高了农作物品质，有效改善了环境质量。

（2）带动农民增收显著　沼气工程、有机肥工程建设，满足了 20 000 个居住户采暖需求，就近解决了 3 万户 10 万人的生活用能，增加了电力、有机肥供应，满足了 30 万亩农作物的有机肥需求，实现了节能减排，促进了农业增效、农民增收，增加就业人数 820 人。

3. 生态效益　该项目经过畜禽粪污无害化处理，对防止土地污染、水体污染、食品污染、空气污染等环境问题起到重要的缓解作用。畜禽粪尿经沼气工程、有机肥工程变废为宝，得到资源化利用，净化了环境，改善了畜禽养殖的生态条件，发病率、死亡率明显下降，畜禽生产性能得到进一步提高。利用畜禽粪污为主要原料的沼气项目，年减排 COD 量 11 万吨，年减排氨氮 0.6 万吨。

山西省高平市

一、概况

（一）县域基本概况

1. 区域条件 高平市位于山西省东南部，泽州盆地北端，太行山西南边缘，东与陵川县接壤，西与沁水县为邻，南与泽州县毗连，北与长治市上党区、长子县相接，是晋城市的北大门，因其四面群山环绕、中部相对平坦而得名。高平市是中华民族人文始祖炎帝的故里，春秋时称泫氏，战国时称长平，北魏至今称高平，是中国历史上著名的长平之战的发生地，也是太行太岳革命老区和闻名全国的“煤铁之乡”“黄梨之乡”“生猪之乡”和“上党梆子戏曲之乡”。全市面积946千米^2，辖9镇、4乡、3个街道办事处、445个行政村。

2. 区位优势 高平地处山西省东南部，泽州盆地北端，太行山西南边缘。位于山西能源基地和豫北中原城市群的接壤地段，是山西通往中原、走向全国的重要门户，也是我国承东启西、联结南北的重要支点。境内铁路、公路纵横交错，公路、铁路交通便捷，区位优势明显。太焦铁路穿境而过，长晋高速公路、207国道和高平至晋城一级公路纵贯南北，高新高速、坪曲公路横穿东西，境内村村通油路、村村通班车。南距郑州国际机场和洛阳机场150千米，北距长治机场55千米，同天津、日照、连云港三个海港均有高速公路相连，区位优势明显。

3. 经济社会发展状况 2018年全市地区生产总值完成240亿元，按可比价格计算，同比增长4.7%，增速比上年同期下降1.4个百分点。分产业看，第一产业实现增加值14亿元，增长1.9%；第二产业实现增加值142.2亿元，增长3.9%，拉动经济增长10.1个百分点；第三产业实现增加值83.9亿元，增长6.8%，拉动经济增长5.9个百分点。三次产业结构之比为5.9∶59.2∶34.9。2018年，全市完成财政总收入47亿元，公共财政预算收入19.2亿元，增长30%，增速比上年同期增长13.4个百分点，高出全市平均水平6.4个百分点。2018年，全市城镇居民人均可支配收入为32 202元，农村居民人均可支配收入为14 177元。

（二）养殖业生产概况

高平市是全国生猪调出大县，山西省“一县一业”生猪示范基地县、第一养猪大县。全县畜禽养殖量及畜禽粪污产量见表1。从2004年开始，高平市财政每年设置专项资金1 000万元用于扶持生猪产业发展，引导生猪产业不断向规模化、优质化、标准化、品牌化迈进，使生猪产业成为农业稳步发展和农民持续增收的支柱产业。建设多个生猪生产优势区，以现有种猪场为基础，在河西、寺庄和南城等乡镇建设良种繁育基地，完善现有生猪繁育体系，开展纯种繁育，承担纯繁供种及二元母猪生产任务。选择河西镇、马村镇、北诗镇等具有生猪产业发展优势的10个乡镇作为商品肉猪生产基地。目前，已建成500头以上规模猪场345个，5 000头以上的31个，万头以上的18个，规模养猪比重占养猪总量的80%以上。据2018年畜禽养殖量测算，高平市年产生畜禽粪便146.4万吨，其中生猪养殖所产生的粪污占全市畜禽养殖粪污量的91.52%。

表1　畜禽粪污分类统计情况

畜禽种类	存栏	年粪污产生量（万吨）	占总量的百分比（%）
猪	431 898（头）	134	91.52
牛	821（头）	0.86	0.59
羊	41 865（只）	4.13	2.82
禽类	1 638 140（只）	7.43	5.08
合计		146.4	100.0

（三）种植业生产概况

1. 农用地规模　高平市土地总面积147.05万亩，其中耕地面积69.18万亩、园地6.88万亩、林地30.84万亩。

2. 种植业生产情况　2018年，高平市全年农作物播种面积51.1万亩，其中粮食播种面积48.1万亩，主要粮食作物为玉米、小麦和大豆；蔬菜播种面积2.1万亩。

3. 县域土地承载力测算情况　2018年生猪存栏431 898头，禽类存栏1 638 140只，牛存栏821头，羊存栏41 865只。全部家畜折合猪当量51.69万头。根据农业源减排核算有关说明，每亩土地年消纳粪便排量不超过3头猪年粪便量（存栏），高平市全部家畜粪污需要17.23万亩农田进行消纳。现有农田面积可以消纳当地畜牧养殖产生的粪污。

二、总体设计

（一）组织领导

高平市政府将生猪产业作为非煤支柱产业，为了推进畜禽粪污资源化利用水平，成立了由农业农村局、发展和改革局、财政局、生态环境局、自然资源局和乡镇人民政府等部门参与的畜禽粪污资源化利用整县推进项目工作领导小组，建立协调联动机制，明确各部门职责，将粪污资源化利用整县推进工作纳入年度绩效考核体系。

（二）规划布局

综合考虑资源环境承载能力、农牧业可持续发展要求、粪污资源利用现状等因素，按照“填平补齐”的原则，支持全市2个特大型生猪养殖企业、22个大型生猪养殖场、271个规模生猪养殖场，建设畜禽粪污收集、存储、处理、利用等环节的基础设施，解决养殖企业存在的粪污排放量与处理设施不配套的问题、规模养殖与种植业不匹配的问题、粪污收集及储运能力与农作物季节性施肥不对称的问题、养殖场粪污和沼液到种植基地“最后一公里”的输送问题，从而实现全县的畜禽粪污资源化利用的整县推进。

（三）管理原则

依据《畜禽规模养殖污染防治条例》和《畜禽粪污资源化利用行动方案》，明确部门职能，落实预防措施，配套完善综合利用与治理设施，细化激励政策，明确法律责任，全面做好畜禽粪污处理，有效预防环境污染。加强部门合作，生态环境部门把畜禽养殖污染物排放作为经常性监督检查的重要内容，在搞好日常监管的同时，组织开展对重点区域、重点企业的联合执法检查。逐步建立起监督监测、信息发布制度，加强日常抽查检测，定期公布检测结果。农业农村部门做好畜禽养殖粪污处理与综合利用的技术指导和服务工作，以及畜禽粪肥还田的组织与引导工作。同时，充分利用各类新闻媒体，加强宣传报道，提高社会各界对畜禽养殖污染治理重要性的认识，增强环保意识，调动社会各方面参与污染治理的积极性，为搞好畜禽规模养殖污染治理创造良好的舆论氛围。

（四）工作机制

通过技术培训和项目资金的引导示范作用，提高养殖场（户）的环保意识，鼓励种养结合、生态循环，以就近还田为主，鼓励有机肥生产，推进商品化，促进粪污资源利用；建立相应协调联动机制，明确各部门职责；制订分解工作目标，将畜禽粪污资源化利用整县推进工作指标纳入年度绩效考核体系。

三、推进措施

（一）规模养殖场

根据本市畜禽粪污产生特点及利用现状，选择 295 个企业，其中 2 个特大型生猪养殖企业、5 个区域性集中处理中心、17 个大型生猪养殖场、271 个规模生猪养殖场，按照填平补齐原则确定项目建设内容。

1. 大型沼气工程 选择高平市神农永兴食品有限公司和山西凯永养殖有限公司 2 个特大型生猪养殖企业，根据其现有养殖粪污处理设施，新建沼气发酵工程、田间存储设施、发电机组等粪污处理综合利用设施，通过招投标，委托具有资质的第三方机构进行项目建设。

2. 区域性粪污集中处理中心 选择向荣牧业、融生牧业、鹏飞牧业、丰满养殖、天凯牧业 5 个万头以上养殖企业，依托他们建设区域性粪污集中处理中心（有机肥加工厂），收集周边的规模以下养殖场（户）或粪污还田困难的规模养殖场的粪污进行集中处理和资源化利用。

3. 大型养殖场 选择高平市华康猪业有限公司、高平市广大牧业有限公司、高平市晋峰养殖有限公司等 17 个大型养殖场，针对其目前粪污处理存在的问题，比如粪污处理设施缺少或不完善、有效利用率较低、粪污处理方式较落后等，开展节水改造（图 1）和粪污处理利用设施建设。

养猪场节水改造

养猪场雨污分流管道

图1　安装节水器材和雨污分流设施

4. 规模养殖场　根据规模养殖场粪污处理现有设施、设备，按照填平补齐的原则，建设三级沉淀池（图2）、干清粪场、管道铺设、三轮抽粪车等设施，解决生猪粪污排放量与处理设施不配套的问题，推进畜禽粪污资源化利用，促进畜牧业转型升级，提高农业可持续发展能力。

图2　三级沉淀池

(二)典型模式

1. 粪污全量还田模式 以高平市向荣牧业有限公司为代表，对养殖场产生的粪便、粪水和污水集中收集，全部进入氧化塘贮存（图 3），粪污通过氧化塘贮存进行无害化处理，在施肥季节进行农田利用，可降低粪污收集、处理、贮存设施建设成本和处理利用费用；并且粪便、粪水和污水全量收集，可提高养分利用率。

图 3 高平市向荣牧业有限公司氧化塘

2. 粪便堆肥利用模式 以高平市北诗镇山河养殖有限公司、高平市陈山老区养殖场为代表，将养殖场固体粪便经好氧堆肥无害化处理后，就地农田利用或生产有机肥（图 4、图 5）。经过高温好氧发酵，粪便无害化处理彻底、发酵周期短，并可提高堆肥处理粪便的附加值。

图 4 高平市陈山老区养殖厂有机肥加工车间

图 5 高平市北诗镇山河养殖有限公司堆肥场、翻抛机

3. 粪水肥料化利用模式 以高平市华康猪业有限公司、高平市安盛养殖专业合作社为代表，将养殖场沼气站产生的沼液经田间储液池储存后，在农田需肥和灌溉期间，将无害化处理的粪水与灌溉用水按照一定的比例混合，进行水肥一体化施用（图 6），解决粪水处理压力。

图 6 沼气站水肥一体化混合池与田间管道

4. 粪污能源化利用模式 以山西凯永养殖有限公司为代表，以生产可再生能源为主要目的，收集养殖场粪便和粪水，投资建设大型沼气工程（图 7），进行厌氧发酵，沼气发电或燃气供户，沼渣生产有机肥供农田利用，沼液灌溉农田。

图 7 山西凯永养殖有限公司大型沼气工程

5. 粪便基质化利用模式 以高平市玮源养殖专业合作社为代表，以畜禽粪污、菌渣及农作物秸秆等为原料，进行堆肥发酵，生产基质盘和基质土应用于栽培果菜（图 8）。

图 8 高平市玮源养殖专业合作社利用沼渣制作平菇菌棒

将畜禽粪污、食用菌废弃菌渣、农作物秸秆三者结合，科学循环利用，实现农业生产链零废弃、零污染的生态循环生产，形成一个有机循环农业综合经济体系，提高资源综合利用率。

6. 粪便饲料化利用模式 以高平市融生牧业有限公司为代表，利用黑水虻对畜禽养殖过程中的干清粪进行堆肥发酵（图 9），生产有机肥用于农业种植，发酵后的动物蛋白用于制作饲料等。该模式改变了传统利用微生物进行粪便处理的理念，可以实现集约化管理，成本低、资源化效率高，无二次排放及污染。

图 9 高平市融生牧业有限公司黑水虻生产

（三）农牧结合种养平衡措施

一些农民自发将畜禽粪污作为商品进行运输销售，将寺庄、陈区等中小养殖户畜禽粪污以 25 元/米^3 的价格进行收购，然后卖给南城办事处瓦窑头、掌里和梨园等五村成片区 2 100 亩黄梨种植户，将养殖户的粪污和种植户的果园实现了有机捆绑，既将畜禽粪污变废为宝，又找到了增收门路，实现了种植户、养殖户和服务人员“三赢”效果。

四、实施成效

（一）目标完成情况

2018 年年底，高平全市畜禽粪污综合利用率已达到 87%，规模养殖场粪污处理设施装备配套率达到 90%，全市粪污治理取得了显著成效。

（二）工作亮点

作为山西省首个畜禽粪污资源化利用整县推进项目实施县，高平市在项目管理中积极探索符合实际的管理模式。

1. 形成“中层包乡镇、乡镇包场户”技术指导模式 高平市共有 295 家项目承建单位，为了加强项目具体指导，组织成立 8 个小组，联合乡镇基层站，对所包乡镇辖区内承建单位进行技术指导并跟踪项目建设进度。

2. 建立项目台账，挂图作战 资金使用计划下达后，高平市建立了项目进程台账，包乡镇干部在每月15号和月底将所包乡镇基础建设进度汇总后，上报项目负责科室。台账进度汇总分析后，对部分承建单位建设进度慢的重点督促，分级管理。

3. 创新资金管理机制 项目批复文件中明确要按照“先建后补”的资金管理办法落实中央资金。2018年下半年以来，受非洲猪瘟影响，项目单位亏损严重，流动资金不足。为加快项目建设进度，研究探索“按进度拨付资金”的管理模式，按照项目单位总体建设进度拨付进度款，支持建设单位完成剩余基础建设，提高整体县级进度。

目前166家项目单位基本完工，并逐步投入使用。高平市规模养殖场粪污设施装备配套率由项目实施前的80%提高到90%，粪污综合利用率提高7个百分点。

（三）效益分析

1. 经济效益 项目实施后，高平市粪污利用率提高10%以上，年生产300万米^{3}沼气，有机肥10万吨，共实现直接经济效益8 450万元，通过综合利用，建设生态农业，可使土地减少农药化肥使用量20%。间接为种养殖户节约成本2 400万元，经济效益显著。

2. 社会效益

（1）促进美丽乡村建设 全市畜禽粪污资源化利用工作的推广，引导畜牧业由简单粗放向循环高效转型，助推农业现代化发展，改变农村脏、乱、差的现状，促进美丽乡村的建设发展。

（2）提高农产品质量 近年来农产品安全事故频发，农产品安全也越来越受到消费者的重视。畜禽养殖与农业种植的结合，可减少农药、化肥使用量，保证农产品的品质和安全。

（3）促进农业可持续发展 畜禽养殖粪污资源化利用，使得种植业、养殖业有机结合，形成种养一体化的生态农业综合体系，大大提高了农业生态系统的综合生产力水平，促进了农业可持续发展。

3. 生态效益

（1）改善养殖场周边环境 对养殖粪污进行资源化利用，杀灭大量有害病原微生物，切断其生长周期，有利于人畜身体健康，为解决养殖场普遍存在的粪污流失、污染河道等问题找到了一条科学的出路，还可改善畜禽养殖场周围的环境卫生，具有很好的环境效益。

（2）改良土壤、提升耕地地力 以畜禽粪便为有机肥能有效改良土壤、提高地力，还有利于促进土壤团粒生成，增强土壤调节水、肥、气、热的功能，同时对农田生态系统转化率有着无机化肥无法替代的作用。

大连市瓦房店市

一、概况

（一）县域基本情况

辽宁省大连市瓦房店市位于辽东半岛中西部，地处北纬39°20′—40°07′、东经121°13′—122°16′，土地总面积3 794千米^2。地处北温带，属暖温带大陆性季风气候。气候特点是冬无严寒，夏无酷暑，四季分明。年平均气温9.3℃，无霜期165～185天，平均降水量580～750毫米，全年太阳总辐射量0.6兆焦/厘米^2。近年来，瓦房店市大力实施“工业强市、生态立市、城镇带动、科教兴市”四大战略，走以工业化带动城市化、促进农业现代化的发展之路，经济社会实现又好又快发展，已成为东北地区县域经济发展的排头兵。在第九届全国县域经济基本竞争力百强评比中列27位，先后荣获国家卫生城市、国家环保模范城市等称号，连续两次荣登辽宁省县（市）区生活质量排行榜榜首。

（二）养殖业生产概况

瓦房店市畜牧养殖结构以肉鸡、生猪、肉牛、绒山羊为主，以蛋禽、奶牛、经济动物等为辅。2018年，肉鸡、生猪、肉牛、绒山羊饲养量分别为9 312万只、78.9万头、10万头、48.3万只，肉、蛋、奶总产量28.7万吨。2018年，全市共产生畜禽粪污172.8万吨，其中，粪便96.7万吨、污水76.1万吨。

（三）种植业生产概况

瓦房店市农作物播种面积124万亩，果园面积超过50万亩，2018年粮食总产量22万吨、水果总产量76万吨、蔬菜总产量43万吨。

二、总体设计

（一）组织领导

统一思想，高度重视。瓦房店市市政府高度重视畜禽粪污资源化利用工作，并将其作为当前稳定畜牧业发展的一项重要抓手，周密安排部署，精心组织实施，成立了由市长任组长，分管农业和环保工作的副市长任副组长，市农业农村局、发展和改革局、环境保护局、财政局、自然资源局等部门为成员的瓦房店市畜禽粪污资源化利用工作领导小组。

（二）规划布局

在瓦房店辖区内建设 5 个区域性粪污资源化利用处理中心，养殖场建设储粪房和污水池，大型肉鸡和蛋鸡规模养殖场安装有机肥好氧发酵罐。

（三）管理原则

按照农业农村部门指导、生态环境部门监管、养殖协会行为约束、乡镇（街道）办事处落实属地管理责任、养殖业主是治污主体责任的原则进行管理。

（四）工作机制

1. 总体思路 以绿色生态为导向，建立有效的畜禽粪污资源化利用机制、市场运营模式、政策支持体系和责任监督制度，加快发展种养结合农业循环经济，鼓励规模养殖场和建设粪污无害化处理设施的企业参与畜禽粪污资源化利用工作，通过建设畜禽粪污处理设施和有机肥生产设施，实现养殖粪污无害化处理、资源化利用。项目采取以奖代补的方式对建设畜禽粪污资源化利用设施的单位给予补贴。

2. 配套政策 农业农村部、财政部畜禽粪污资源化利用重点县项目资金和生猪调出大县资金，用于规模养殖场（户）建设粪污处理及资源化利用设施的补贴。项目资金实行先建后补，以奖代补的方式对验收合格的建设内容给予一次性补贴。对建设储粪房和污水池的养殖场（户），按照建设容积的大小按比例给予补贴；对建设有机肥好氧发酵罐的养殖场，给予 50 万元的补贴；对建设资源化利用处理中心的企业或者个人，验收合格的给予 250 万元的补贴。

3. 部门协调 为保证畜禽粪污资源化利用工作顺利实施，瓦房店市市政府成立了市畜禽粪污资源化利用工作领导小组，负责组织领导畜禽粪污处理和资源化利用工作的开展，研究解决工作中遇到的突出问题；成立了农业农村局、生态环境局、督考办组成的联合督查组，对瓦房店市所有乡镇、涉农街道进行粪污资源化利用专项督查。目前督察组已进行 30 轮督察，现场检查 637 家养殖场，要求设施建设不合格和未建设设施的养殖场立即完善或开工建设。

三、推进措施

（一）规模养殖场

规模养殖场建设与其规模相适应的粪污处理设施，有条件的建设有机肥好氧发酵罐，通过好氧发酵设施进行粪便处理生产有机肥料。将粪便进行预处理，填充到发酵罐中，在高温好氧的环境下发酵9～12 天，产出初级有机肥料（图 1）。该模式主要适用于养鸡场。

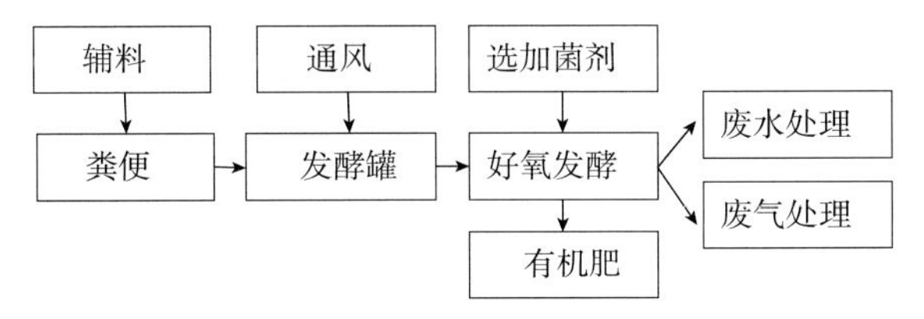

图 1　好氧发酵工艺流程

（二）规模以下养殖场（户）

规模以下养殖场（户）建设短期储粪房，定期送往畜禽粪污资源化利用处理中心，污水池通过厌氧发酵后作为液态肥施用于农田。

（三）第三方处理中心

企业投资建设有机肥加工设施，将一定范围内所有的规模养殖场、规模以下养殖场（户）所产生的粪污集中统一处理。

（四）农牧结合种养平衡措施

引导养殖户与种植业主签订粪污消纳协议，种养对接；有条件的大型养殖场，生产有机肥；推进畜牧业减排工作，落实生态消纳地，充分利用粪污资源化利用处理中心，实现种养互补，构建区域生态循环。

四、实施成效

（一）目标完成情况

通过畜禽粪污资源化利用整县推进，瓦房店市全市范围内畜禽粪污得到妥善贮存、无害化处理和资源化利用，目前瓦房店市所有非庭院养殖场的猪、牛、羊、鸡养殖场均已建成粪污处理设施或资源化利用设施。截至 2018 年年末，全市畜禽粪污资源化利用率达到 96.38%，畜禽规模养殖场粪污处理设施装备配套率达到 100%。

（二）工作亮点

目前瓦房店市所有非庭院养殖场均已建成粪污处理或资源化利用设施，其中 42 个大型规模养鸡场安装了畜禽粪污好氧发酵罐。这 42 个大型养鸡场存栏量占全市肉鸡存栏量的 30%，所产生的粪便在场内直接生产有机肥，减少了粪便运输过程中产生的污染。

为更好将养殖粪便资源化利用整县推进，争取社会资本投资 8 000 万元，建设 5 个区域性畜禽粪污资源化利用处理中心，将一定区域内所有养殖场的粪便统一收集，集中生产有机肥。目前这 5 个处理中心共安装 25 个畜禽粪污好氧发酵罐，建设 5 000 米^2 发酵槽，每年可将 22.6 万吨鲜粪生产为有机肥。

为解决处理中心占地问题，2018 年 12 月瓦房店市政府常务会议研究决定，对建设区域性畜禽粪污资源化利用处理中心所占用的土地，以协议出让的形式供地，对每个处理中心采取“以奖代补”的形式补贴 250 万元，全市最多奖励 10 个处理中心。

（三）效益分析

1. 经济效益 当前经济效益主要来源于出售有机肥原肥和液态有机肥，有机肥原肥成本约 400 元/吨，每吨液态有机肥成本约 700 元。销售有机肥价格在 800 元/吨，液态有机肥价格在 1 500 元/吨，经济效益可观。

2. 社会效益 项目实施，为市场提供优质农副产品，满足广大消费者对优质农产品的需求。处理中心利用第三方收集粪便、秸秆，可以带动社会运输业发展，提高秸秆利用率；有机肥罐的大量应用，可以带动机械制造业发展；有机肥的大量应用，将增加瓦房店市土壤有机质含量，改善土壤环境，提高农作物品质和产量，增加农民收入。

3. 生态效益 项目实施后，畜禽粪污都得到妥善贮存，通过堆肥发酵腐熟或通过设备生产有机肥，种植农作物，达到农牧配套高度循环、种养结合零排放。该项目的实施，不仅可消耗大量的农业废弃物，净化自然环境，还可变废为宝，杜绝畜禽养殖污染，改善养殖场环境，减少动物疫病，节省用药成本，提高畜产品质量，为保护当地生态环境做出了贡献。

黑龙江省富裕县

一、概况

（一）县域基本情况

黑龙江省富裕县隶属齐齐哈尔市，面积 4 026 千米^2，位于黑龙江省西部，嫩江中游左岸。富裕县地处松嫩平原西北部，属中温带大陆性季风气候，冬寒夏暖，四季变化明显。年均气温 3.0℃，年平均降水量 440.5 毫米，蒸发量为 1 516.3 毫米。富裕县辖 6 镇 4 乡，90 个行政村，总人口 27.94 万人，其中非农业人口 8.4 万人。富裕县地处哈大齐工业走廊辐射区域内，距齐齐哈尔市 65 千米，距哈尔滨市 350 千米，是齐齐哈尔北部重要交通枢纽。北京至加格达奇、齐齐哈尔至黑河两条国家级铁路在此交汇，G111 国道、北富高速和碾北公路纵贯全境，交通十分便利。2018 年，全县地区生产总值（GDP）72.6 亿元，公共财政预算收入完成 3.88 亿元，规模以上工业增加值实现 11.37 亿元，限额以上社会消费品零售总额实现 0.19 亿元，城镇常住居民人均可支配收入实现 21 418 元，农村常住居民人均可支配收入实现 8 382 元。

（二）养殖业生产概况

富裕县牧业占农业的半壁江山，有丰富的养殖经验。2018 年年末全县生猪存栏 21.79 万头、牛存栏 10.42 万头、羊存栏 17.98 万只、禽存栏 199.3 万只，畜禽存栏折算猪当量 73.9 万头，全县畜禽粪污产量测算为 182.93 万吨，饲养量居全省前列，被确定为“全国牧区开发工程示范县”“全省牧业先进县”。全县畜禽规模养殖场总计 154 个，其中奶牛场 17 个、肉牛场 17 个、生猪场 10 个、家禽场 109 个、肉羊场 1 个。规模奶牛场主要分布于塔哈镇、友谊乡；规模肉牛场主要分布于友谊乡、二道湾镇、塔哈；规模生猪场主要分布于忠厚乡、友谊乡、二道湾镇；规模家禽场主要分布于富海镇。富裕县现有光明松鹤、宜品乳业、明翔乳业三家乳品加工企业。

（三）种植业生产概况

富裕县地处世界玉米生产带，现有农用地 240 万亩，其中水田 75 万亩、旱田 165 万亩，是优质东北大米生产基地、黑龙江省西部的产粮大县。主要农作物以玉米、水稻为主，玉米种植面积 140 万亩，水稻种植面积 75 万亩，粮食总产达到 100 万吨以上。县域土地承载力测算按每亩 2 吨粪肥计算需 480 万吨，养殖发展空间较大。

二、总体设计

（一）组织领导

2017年经富裕县政府第8次常务会议审议通过《富裕县畜禽粪污专项整治及资源化利用工作方案》（富政办发〔2017〕106号），成立了《富裕县畜禽粪污资源化利用工作领导小组》（富政办文〔2017〕11号），领导小组组长由县长担任，副组长由常务副县长和主管农业副县长担任，具体负责畜禽资源化利用工作，成员单位由畜牧兽医局、环境保护局、发展和改革局、国土资源局、财政局、农业局、水务局、林业局及各乡镇组成。各成员单位按照职责分工，全力推进畜禽粪污资源化利用工作。

（二）规划布局

根据富裕县畜禽养殖分布情况，结合第三方运营企业的基本情况综合考虑，富裕县畜禽粪污资源化利用项目分为两个阶段实施。第一阶段主要在北部养殖密集区忠厚乡、二道湾镇建设3处区域性粪污集中处理中心，并对17个规模养殖场配套建设粪污存储设施，进行乡镇畜禽养殖粪污的集中处理及规模养殖场的粪污收集体系建设，通过集中处理中心的示范作用，促进全县的粪污处理，2018年已完成第一阶段建设。第二阶段主要在南部友谊乡、富路镇建设2处区域性粪污集中处理中心；新建18个村集中收集点，完善12个规模养殖场配套建设粪污存储设施及设备；完成全县204个规模以下生猪养殖户临时液体存储池的建设；建立粪污集中收集专业队伍并配备必要设备。第二阶段项目完成后，全县畜禽粪污综合利用率达到90%以上，规模养殖场粪污处理设施配套率达到100%。

（三）管理原则

富裕县畜禽粪污资源化利用工作实行县长负责制，将完成情况作为领导干部政绩考核的重要内容。县委、县政府把禽粪污资源化利用工作的年度目标纳入对各部门、乡镇的年度考核内容，定期跟踪监测项目绩效情况。各相关部门、乡镇强化责任担当，做好协同配合，形成工作合力，制定了科学合理的项目管理办法和绩效考核制度，明确考核标准，确定考核指标。落实畜禽粪污资源化利用工作建设目标责任制，逐级分解任务，加强日常管理，严格监督考核。对任务完成好、建设质量高、效果明显、成绩突出的部门给予表彰奖励，对工作重视不够、未按时完成目标任务的单位及领导，进行通报批评和追究问责。整合涉农项目资金，加大对畜禽粪污资源化利用的投入。创新投资方式，发挥财政资金“四两拨千斤”的作用，引导金融资本、社会资本等参与建设。

（四）工作机制

按照“政府支持、企业主体、市场化运作”的方针，建立健全政策扶持、监管管理和市场驱动“三大机制”。

1. 政府扶持机制 发挥政府统筹调度职能，由政府主导研究制定畜禽粪污资源化利用快速发展的扶持政策；研究制定有利于畜禽粪污资源化利用产业化发展的利益联结机制；研究制定突破种养脱节瓶颈，促进畜禽粪污资源化利用的行政保障措施。

2. 监督管理机制 发挥政府监督管理职能，环保部门加大监管力度，建立日常和长效监管机制，督促企业自觉履行环境保护主体责任，树立“我污染、我治理、我受益”意识。

3. 市场驱动机制 加大PPP模式支持力度，培育壮大第三方处理利用企业和社会化服务组织，形成专业化生产、市场化运营的畜禽粪污处理利用模式。

三、推进措施

（一）规模养殖场粪污处理设施改造升级

2018年富裕县重点对17个粪污处理设施不达标的规模养殖场进行改造升级，建设储粪场13 585m^2，氧化塘、储尿池16 374m^3。总投资709.61万元，其中，试点项目补贴169.34万元，县财政配套补贴185.49万元，企业自筹354.78万元。

2019年，重点完善养殖场粪污处理设施。一是规模养殖场粪污储存设施配套不到位的进行补建。富裕县成立肉牛养殖场新建储粪场600米^2，储液池50米^3（图1和图2）；富裕县忠才奶牛饲养专业合作社新建储粪场600米^2，储液池50米^3。二是养殖场建设临时储粪场、储液池。全县有10个养殖场粪污需送到集中收集点，在场内建设临时储粪场、储液池，储粪场建1 550米^2，储液池450米^3。

图1　储粪场

图2　储液池

（二）粪污收集点建设

针对不符合环保要求、不能建设粪污处理设施的养殖场和饲养密度集中的规模以下养殖场（户），经现场调研和征求环保等相关部门意见，该县决定在村屯500米以外建设村集中畜禽粪污收集点（图3）。2018年富裕县在17个村屯建设了17处村集中畜禽粪污收集点，共建设储粪场28 967米^2，储液池2 840米^3，利用试点项目补贴30%，县财政配套70%，总投资1 058.6万元，其中，试点项目补贴317.58万元，县财政配套补贴741.02万元。

2019年富裕县计划继续增加对规模以下养殖场（户）畜禽粪污的收集点数量，决定在全县 18 个粪污量较大的村，建设畜禽粪污集中收集点 18 处，建设储粪场 14 500 米^2，储液池 4 300 米^3。同时，对生猪存栏 80 头以上的养殖户建设 204 个临时全量粪污储存池，通过不断扩大对规模以下养殖场（户）粪污收集处理的覆盖面，进一步提升全县畜禽粪污资源化综合利用率。

图 3　富裕县友谊乡登科村畜禽粪污集中收集点

（三）第三方处理中心建设

2018 年富裕县建设 3 个区域性畜禽粪污集中处理中心，其中，以大北农农牧有限公司为依托，在忠厚乡蓬生村、春生村建设集中处理中心 2 个（图 4），总投资 2 680 万元，其中，试点项目补贴 1 000 万元，企业自筹 1 680 万元；以黑龙江富裕牧原农牧有限公司为依托在二道湾镇兴安村建设 1 个集中处理中心，总投资 1 233.7 万元，其中，试点项目补贴 500 万元，企业自筹 733.7 万元。目前，3 个处理中心已正式运营。2019 年计划在全县建设 2 个区域性畜禽粪污集中处理中心。一是在富路镇来克村建设以畜禽粪污和秸秆利用生物菌剂发酵生产有机肥的区域性处理中心 1 处，年处理畜禽粪污 9 万吨，处理秸秆 4 万吨。二是在友谊乡勤联村建设以畜禽粪污生产有机肥和牛床垫料的区域性处理中心 1 处，年处理畜禽粪污 8 万吨，处理秸秆 2 万吨。

氧化塘

固液分离车间

晾晒棚

立式发酵罐

陈化棚

有机肥车间

图 4　大北农区域性集中处理中心

（四）农牧结合种养平衡措施

畜禽产生的粪污经过处理后最终要实现资源化利用，富裕县积极探索、集思广益，结合绿色农业种植、有机食品生产等需求，树立一批农牧结合、生态循环的典范，推动全县畜禽粪污资源化利用工作全面发展。富裕县光明生态示范牧场奶牛存栏 5 000 头，在牧场周边承包耕地 10 000 亩种植青贮玉米，粪污固液分离后，固体通过翻抛发酵后部分用于牛床垫料，部分还田，肥水发酵后还田（图 5、图 6）。大北农在区域性集中处理中心建设了 3 栋温室大棚，利用生产的有机肥种植绿色蔬菜，用于监测耕地施用有机肥土壤有机质及重金属等指标的变化；同时，处理中心与周边种植业户签订了粪肥还田协议，铺设液态肥田管网，为周边种植业户耕地提供液态有机肥（图 7）。

槽式好氧发酵车间

有机肥撒肥

液体粪肥施用

图 5　富裕县光明生态示范牧场

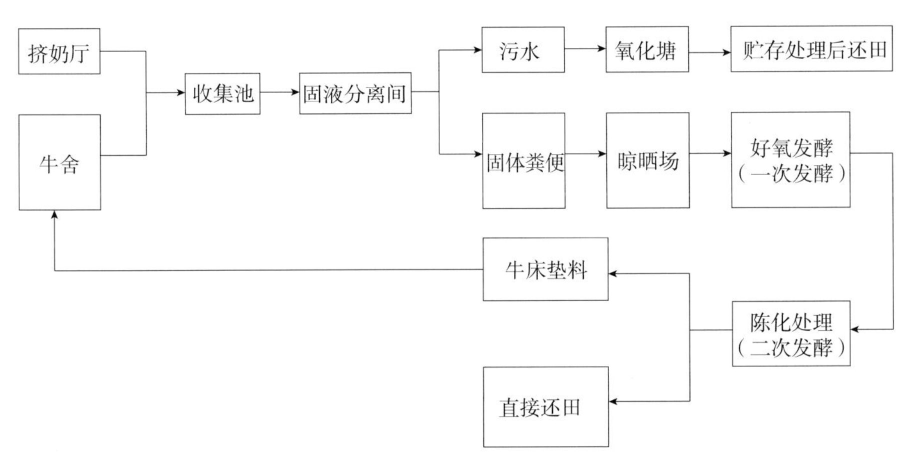

图 6　光明生态牧场粪污处理工艺

图 7　设施蔬菜有机肥施用

四、实施成效

（一）目标完成情况

2018年富裕县37个规模养殖场中有27个自身配齐了粪污处理设施，有10个养殖场因不符合环保要求将粪污送到村集中收集点，全县畜禽粪污资源化综合利用率达到74.57%，规模养殖场粪污处理设施配套率达到91.8%。项目完成后，全县畜禽粪污资源化综合利用率达到90%，规模养殖场粪污处理设施配套率达到100%。

（二）工作亮点

1. 依托大型养殖场建设区域性集中处理中心 大型养殖场粪污产生量占富裕县粪污量的50%以上，是重点监管对象，依托大型养殖场建设可为集中处理中心提供原料保障，确保稳定运行。2018年富裕县依托3个大型养猪企业在场区外建设3个区域性集中处理中心，覆盖北部3个乡镇83个养殖场的粪污收集、运输和处理。

2. 政府加大资金扶持，确保整县推进力度 富裕县县委、县政府高度重视畜禽粪污治理工作，在全方位研究治理路径和整体布局的前提下，2018年县政府通过县财力和其他涉农整合资金共投入近1 000万元用于全县畜禽粪污治理工作，带动养殖企业投入资金2 700万元。

3. 创新治理模式，扩大治理范围 针对不符合环保要求、不能建设粪污处理设施的养殖场和饲养密度集中的规模以下养殖场（户），富裕县积极探索治理路径，经过现场调研和征求环保等相关部门意见，在村屯500米以外建设村集中畜禽粪污收集点，取得了良好的效果。

4. 建立有效运行管理模式 富裕县县委、县政府在加强养殖场（户）粪污处理设施配套的同时，针对粪污处理设施有效运行的问题，出台了《富裕县畜禽粪污处理设施运行管理方案》，方案中明确了县、乡、村对于粪污处理设施运行管理的职责范围，成立了县级督查组、乡级检查组、村级管护组等网格化管理体制；建立了粪污收集、运输服务队伍，配备了必要的车辆和设备；制定了畜禽粪污资源化利用考核机制，严格落实畜禽粪污资源化利用属地管理各项责任制度，县政府与各乡镇签订了畜禽粪污资源化利用责任状，明确了工作任务、完成时限及相关职责。

（三）效益分析

1. 经济效益 项目按照“就地就近消纳、能量循环、综合利用”的原则，根据土地承载力，以县域为单位进行种养平衡分析，合理确定种植和养殖规模，种养业布局更加合理，基本实现畜禽粪便的综合利用，探索出一个种植、养殖废弃物循环利用的综合性整体解决方案，实现县域种养业协调发展和农业生态环境整体改善，达到经济、社会、生态效益同步提高。同时，区域性集中处理中心年可生产有机肥8.7万吨，年可获得销售收入3 480万元，可为打造绿色种植基地提供充足的肥料。

2. 社会效益

①畜禽粪污资源化利用整县推进，可以极大地改善环境卫生状况，提高空气质量，提升

城市美誉度，推进种植业和畜牧业生态发展、节约发展、循环发展、健康发展，增强综合竞争力，实现畜禽养殖与资源环境和谐共生。

②富裕县养殖区域广、养殖场（户）众多，有丰富的粪肥资源，通过畜禽粪污资源化利用，可以就近为企业提供有机肥初级原料，解决有机肥企业原料不足、运输距离远、成本高等问题，有利于增强有机肥企业盈利能力，促进发展建设现代畜牧业。

③畜禽粪污资源化利用，可促进产业结构调整，形成新的经济发展优势领域。通过绿色有机作物原料生产绿色有机畜产品，再加工成绿色有机食品，拉长产业链条，形成种养加一体化的绿色有机食品产业链，提升价值链，实现企业增效、地方财政增税、农民增收目标。

3. 生态效益

（1）保护黑土资源，改善土壤品质 由于长期垦殖，黑土地资源沙化、碱化、退化比较严重，一些黑土层以年均近 1 厘米的速度消失，黑土耕作层有机质以年均 0.1%的速度减少，保护修复黑土资源迫在眉睫。畜禽产生的大量排泄物，经过无害化处理、资源化利用，能够生产生物作用明显的有机肥；通过有机肥还田，改良土壤和土体结构，提高有机质含量，提升生产力和地力，净化修复黑土资源。

（2）控制污染物排放 富裕县通过“全量收集、密闭存储、养分管理、控量播撒、配方施肥、全效还田”技术路线实施运营，可最大限度减少养殖区的粪污排放量，防止污染地下水资源和地表水体，尤其是可以防止污染饮用水水源地，保证饮用水安全，从源头上减少污染排放，实现控源减排目标；畜禽粪污经密闭存储发酵，可有效减少温室气体排放，杀灭病原微生物，减轻对土壤的污染，防止动植物病虫害的传播。

山东省诸城市

一、概况

（一）县域基本情况

山东省诸城市位于山东半岛东南部，泰沂山脉与胶潍平原交界处，东与胶州、胶南毗连，南与五莲接壤，西与莒县、沂水为邻，北与安丘、高密交界。市区距首都北京 638 千米、省会济南 300 千米、潍坊市 90 千米，辖 3 个街道、10 个镇和 1 个经济开发区，人口 110.8 万，总面积 2 183 千米^2。诸城年平均温度 12℃，年均降水量 776 毫米。矿产资源有重晶石、石英石、萤石、膨润土、钾长石、明矾石、云母、大理石、黄岗石等。诸城市是全国商品粮基地之一，盛产苹果、板栗、猕猴桃。拥有王尽美纪念馆、大舜苑、恐龙博物馆等名胜古迹。2018 年全年地区生产总值同比增长 6.5%；完成财政总收入 106.4 亿元、一般公共预算收入 72.8 亿元，分别增长 14.3%和 2.2%。

（二）养殖业生产概况

诸城市是全国畜牧养殖大县，生猪、肉鸡、毛皮动物养殖规模均位居全国前列，其中生猪主要分布于贾悦、石桥子、相州、昌城、百尺河、林家村、舜王等镇街；肉鸡主要分布在枳沟、贾悦、石桥子、百尺河、林家村、皇华、舜王等镇街；特种动物主要分布在密州、龙都、舜王、昌城和百尺河等镇街。2018 年全市生猪存栏 89.1 万头，出栏 169.8 万头；牛存栏 4.3 万头，出栏 6.9 万头；羊存栏 11.8 万只，出栏 21.5 万只；肉鸡存栏 1 069.3 万只，出栏 4 910.7万只；蛋鸡存栏 250.6 万只；特种动物出栏 312.4 万只；粪污产生量 272.51 万吨，资源化利用量 250.34 万吨。另外，肉、蛋、奶总产量 31.1 万吨，畜牧业总产值达 71 亿元，被农业农村部评为全国畜牧业绿色发展示范县、全国畜牧养殖大县种养结合整县推进试点示范县，连续 12 年被农业农村部、财政部确定为“全国生猪调出大县”，奖励资金多年位居全省第一。

（三）种植业生产概况

诸城是传统种植业大市，农作物总播种面积 267 万亩，其中粮食播种面积 190 万亩，粮食总产量 93 万吨，年产农作物秸秆 180 万吨；瓜菜播种面积 39.8 万亩，产量 122.9 万吨。根据土壤营养物质平衡原则，基于氮平衡方法，对诸城市 13 个镇街进行畜禽土地承载力分析。分析结果表明，全市畜禽粪便供氮量为 3.31 万吨，作物总需氮量为 4.91 万吨，土地承载力整体处于未超载状态，尚有 189 万头猪当量的盈余空间，其中，密州街道、龙都街道、枳沟镇处于超载状态，其余 10 个镇街未超载。

二、总体设计

（一）组织领导

为切实做好诸城市畜禽粪污资源化利用整县推进工作，诸城市专门成立领导小组，由诸城市市长任组长，分管副市长任副组长，成员包括农业农村局、发展和改革局、生态环境局和自然资源和规划局等部门主要负责同志，负责研究解决畜禽粪污资源化利用整县推进工作中的重要问题，制定政策措施。领导小组下设办公室，办公室设在畜牧业发展中心，负责畜禽粪污资源化利用整县推进工作的协调及日常事务，建立完善协调的责任分工体系，建立健全党委领导、政府负责、部门推进的组织领导机制，各级各部门根据试点工作要求，细化分解工作目标和任务，确定责任单位和责任人员，抓好组织推动、政策实施、项目调度等工作，推动畜禽粪污资源化利用整县推进工作有效实施。

（二）规划布局

诸城市按照源头减量、过程控制和末端利用的思路，围绕落实治理与资源化利用有机统一，加快构建农牧结合、生态循环的现代畜牧业可持续发展新机制，形成了规模养殖场与规模以下养殖场（户）全域覆盖、农牧循环的“三大循环”模式，实现了畜禽粪污科学治理和资源高效利用。

1. 主体双向小循环模式 以处理规模养殖场产生的畜禽粪污为重点，实施处理设施改造与消纳地配套建设项目，生产沼肥有机肥用于周边农作物种植，实现养殖主体和就近消纳地之间双向循环，取得了较好的经济效益。以诸城市华昌牧业有限公司为例，场内配套建设沼气池 1 500 米^3，该养殖场周围配套 550 亩农田，作为粪污消纳土地，沼液一部分用来回冲圈舍，另一部分沼液经与水 1∶1 混合后，有机肥水用于灌溉蔬菜、瓜果、绿化树及农作物等，有机蔬菜瓜果农作物等每年新增收入 20 余万元。

2. 区域多向中循环模式 依托专业化公司和合作社，以处理规模以下养殖场（户）产生的畜禽粪污为重点，由 7 个区域性粪污收集处理中心统一收集运输，泰可丰、齐舜农业等企业加工生产沼肥有机肥，一部分作为商品出售，一部分用于消纳土地作物种植，构建“养殖社区［规模以下养殖场（户）］收集－集中处理生产沼肥有机肥”的区域多向中循环模式。皇华镇集中处理中心为 68 家规模以下养殖场（户）提供畜禽粪污处理服务，年处理畜禽粪便 4 万吨，生产成品有机肥 2 万吨，年实现销售收入 3 000 万元，实现利润 300 多万元。

3. 全域立体大循环模式 发挥政府引导和项目实施主体示范带动作用，在“主体双向小循环”模式和“区域多向中循环”模式基础上，政府搭建畜禽粪污收储运信息采集平台、饲料供需平台和土地养分调配管理平台，实时掌控各镇街畜禽粪污收储运信息及饲料、养分需求信息，及时调配资源，统筹种养业布局，整县推进粪污资源化利用，实现全域种养结合立体大循环，实现了畜禽粪污治理和资源化高效利用的全域统筹协调发展。

（三）管理原则

诸城市牢固树立和践行“绿水青山就是金山银山”的发展理念，以推进畜牧业转型升级发展、再创畜牧业和畜产品加工业新辉煌为目标，坚持质量第一、效益优先、绿色导向，加快新旧动能转换，推进畜牧业供给测结构性改革，先后出台了《诸城市深化“三八六”环保行动实施“十大工程”加快绿色发展实施方案》《诸城市治理农业面源污染实施方案》《生猪标准化规模养殖场沼气生态工程奖励办法》《关于加快生猪产业转型升级意见》《诸城市病死畜禽无害化处理办法》《诸城市毛皮动物胴体无害化处理暂行办法》等一系列政策措施，大力推广生态养殖模式，加快养殖场所粪污综合处理设施改造提升，推进粪污综合利用和病死畜禽无害化处理，提高全市畜禽粪污资源化利用水平，积极探索建立了专业化生产、市场化运营的畜禽废弃物集中处理体系，切实改善畜禽养殖环境和农村生态环境，打造出了农牧结合、生态高效、资源循环、环境友好的畜牧业绿色发展新模式。

（四）工作机制

诸城市积极出台促进农牧结合循环发展的优惠政策，优化种养结合发展环境，降低准入门槛，大力吸引各类人才和资本进入农牧业领域，逐步形成多渠道进入、多元化投入、社会各行业共同推进发展的格局。合理界定设施农业的用地范围和规模，实行设施农业用地备案管理制度，农业生产所必需的生产设施、附属设施及配套设施按农用地管理，不需办理农用地转用审批手续。建立多元化的项目投入机制，完善以政府投入为导向，以项目实施单位自筹资金为主体，社会性投资、引进工商资本为补充的多元化投入机制。金融、财政、农业农村医部门加强联络协调，加大金融支持力度，落实养殖企业贷款贴息政策，创新信贷担保抵押模式和担保机制。积极协调金融部门对试点公司、合作社新购置的中型、大型秸秆饲料收贮加工机械给予资金支持。集中现有标准化规模养殖、畜禽粪污资源化利用试点、农村沼气等扶持政策，在种养结合生态循环绿色农牧业建设工作中，采取“先建后补”的方式，对开展畜禽养殖精准化改造的企业或农户，建设粪污分流、贮存、无害化处理和综合利用等设施进行财政补贴，对积极推行病死畜禽无害化处理、有机肥施用的企业或农户进行补贴。

三、推进措施

诸城市通过强化技术指导、加强设施配建、项目引导、督导检查等措施，加快推进畜禽粪污整治和畜禽粪污资源化利用“双管齐下”“两条腿走路”，打造农牧结合、生态高效、资源循环、环境的畜禽养殖污染治理新模式。

（一）强化分类指导，确保整县推进工作面面俱到

1. 规模养殖场 严格按照规模场“一控两分三防两配套一基本（12321）”建设要求，对诸城市全市557个规模养殖场，根据畜禽种类，配建实用的粪污处理设施，如生猪场建设沼气池、肉鸡养殖场购置有机肥设备、特种动物配建U形槽等，通过“一场一策，一场一档”的工作方法，建立销号制度，确保规模养殖场的粪污处理设施配建率达到100%，并有效运行。

2. 规模以下养殖场（户） 充分利用畜禽粪污处理中心的集中收集能力，按照畜禽存养量的分布，分块分片划定区域，将规模以下养殖场（户）的粪污集中收集处理，杜绝粪污外排现象。

3. 开展畜禽粪污综合整治行动　诸城市开展了城乡环境综合整治百日提升行动，印发了《中央环保督查反馈意见诸城市整改督导检查工作方案》，成立了16个督导组，由市级领导任组长，其他有关部门主要负责人为副组长，业务骨干为成员，开展整治工作。同时，镇街党委政府和有关部门严格落实责任分工，切实抓好村庄内及周边养殖场（户）存放的畜禽粪便、污水治理工作，全市上下形成了畜禽粪污齐抓共管的良好氛围，进场入户10 000多家，发放明白纸20 000余份，整改告知书500余份、指导意见书1万余份。

（二）加强项目引领，促进资源化利用整县推进

诸城市以2018年畜禽粪污资源化利用整县推进项目为契机，以全市28家项目实施单位为主体，以点带面，积极推广信得科技“设备租赁、产品偿还”、甫乐“构树”养猪、华昌牧业“畜牧＋休闲”等模式，采用种养结合、生物降解、体内除臭、有机肥生产、沼气利用等资源化利用方式，解决全市粪污收集、储运、处理、养殖场臭味控制等难点问题，实现畜禽粪污资源化利用整县推进。

1. 积极推广“设备租赁、产品偿还”典型利用模式　诸城市全面推广“设备租赁、产品偿还”模式，扶持山东信得、恒基畜牧机械等大型涉牧企业，充分发挥企业优势，结合畜禽粪污资源化利用整县推进项目，推广“企业＋规模场”合作模式，加快推进全市畜禽粪污资源化利用工作。目前，信得公司与全市13处大型规模养殖场和20处中小型养殖户签订合作协议，免费为规模场安装有机肥生产设备和污水厌氧处理设备，年可处理粪便24万吨，生产优质有机肥10万吨，由信得公司统一回收。另外，河北中环国科、诸城市恒基畜牧机械公司也分别与部分养殖场进行了合作。该模式有效解决了规模场安装畜禽粪污处理设施资金不足、生产有机肥销路不畅等问题，为规模场畜禽粪污综合利用探索出了一条新路。

2. 推广“种养结合”生态循环模式　积极推进新型经营主体建设，指导建成华昌牧业集养殖、休闲、采摘、观光、餐饮为一体的“畜牧＋休闲”种养循环示范园区。猪场采用干清粪方式，对干粪及固液分离后的杂质进行有机肥制备，产生的污水进入沼气池，发酵处理后沼气用于发电，沼液、沼渣用于灌溉采摘园的蔬菜、苗木和果树。粪污资源化利用将养殖、种植、餐饮观光进行有效结合，每年增加收入20万元。甫乐生态农业（图1）建成构树育苗基地面积2 000多亩，年繁育杂交构树苗5 000万株，年生产构树蛋白饲料890吨，并在构树养殖基地内自建有年出栏4 000头的半牧半圈有机黑猪基地1处，建设有机肥加工车间1处，实行种养一体循环发展，从种植、养殖和粪污处理环节进行全面改造升级，从而形成了构树种植、构树收割、饲料生产、有机养殖、生鲜销售等循环产业链。目前诸城市已建成种养循环一体化基地120多处。

3. 建设区域性畜禽粪污集中处理中心　依托信得科技公司，在舜王、皇华、石桥子、林家村、密州5个养殖密集镇街各建设1处畜禽粪污集中收集处理中心，每个集中处理中心覆盖周围15千米的养殖户，5处畜禽粪污集中收集处理中心能辐射诸城市大部分区域，并在每个集中收集处理中心周边设立多个不同处理模式的处理点（图2、图3），进一步推动粪污资源化利用整县推进。在中大型处理点养殖场内部安装塔式发酵一体机或流化床式发酵装置，形成的有机肥半成品就近还田、销售或统一运输到集中收集处理中心，进行后期有机肥的深加工，并在部分大型猪场安装MBR污水处理一体机处理猪场污水，使之达标排放或循

种养结合循环发展

甫乐农业：林+饲料+猪+种植

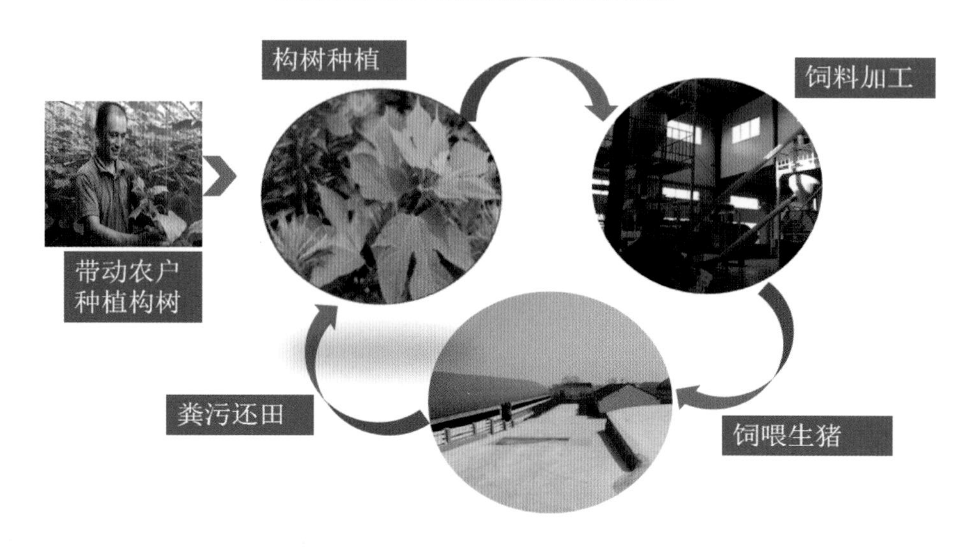

图1　甫乐公司标准化育苗生产基地

环利用。在小型处理点以厌氧发酵的模式，安装小型混合机，将粪便与辅料搅拌混匀，加入菌种装袋厌氧发酵，农户可直接还田或由集中收集处理中心进行深加工，解决规模以下养殖场（户）畜禽粪污处理问题。

图2　诸城市皇华集中处理中心

图3　齐舜农业大型沼气项目

4. 加快生物技术推广应用　依托信得科技积极开展畜禽粪污综合处理利用技术攻关，采取养殖场粪污处理托管、技术嫁接合作等模式进行大规模推广应用。诸城市市政府投入420万元专用于畜禽体内除臭技术推广。目前，已累计推广养殖场（户）1 100多家，使用除臭剂58.75吨。

5. 提高畜禽养殖环评准入标准　严格落实环评准入制度，对新建、改建、扩建畜禽养殖项目必须进行环境影响评价，配套与其养殖规模相适应的粪便雨污分流、污水贮存、处理、粪污资源化利用设施，进一步提高畜禽养殖场标准化、规模化水平。

四、实施成效

（一）目标完成情况

按照源头减量、过程控制和末端利用的思路，围绕落实治理与资源化利用有机统一，加快构建农牧结合、生态循环的现代畜牧业可持续发展新机制，形成了规模以下养殖场（户）全域覆盖、农牧循环的“三大循环”模式，实现了畜禽粪污科学治理和资源高效利用。诸城全市有557家规模养殖场配套了粪污处理设施，安装有机肥发酵罐15台（套），建设大中型沼气工程86处，建成生态循环养殖基地220个，11家有机肥企业年生产有机肥28万吨，建设7个区域性畜禽粪污集中收集处理中心，全市畜禽规模养殖场粪污处理设施配建率已达100%。截至2018年年底，诸城市粪污综合处理利用率91.86%。

（二）工作亮点

1. 坚持推广新技术 针对传统处理方式技术含量低、效率不高等问题，依托信得科技等高新企业，积极开展技术攻关，研发创新了“四项新技术”，提高了粪污资源化利用水平。

（1）自主研发塔式发酵一体机技术 塔式发酵一体机是一种以中空轴空气传导为主的立式搅拌型发酵机（图4）。加入粪便和菌种后，同时进行通风和翻抛，使粪便进行充分的发酵和腐熟，7天时间即可发酵成有机肥，与传统的翻抛发酵至少需要2个月的时间相比，发酵效率提高85%以上，同时，肥料中的氮磷钾损失率降低50%。

图4 新牧源猪场塔式发酵一体机

（2）流化床式发酵技术 利用层级结构进行多级发酵、多级翻抛，将粪便、辅料和菌种进行充分混合后，开启设备的通风、余热回收和除臭系统后，物料即可在流化床设备进行快速发酵，2天时间即可大幅降低水分和去除臭味；经过智能化控制系统快速发酵和腐熟，7天即可形成有机肥，发酵效率可提高85%以上。

（3）臭气源头减量技术 诸城市财政设立515万元专项补助资金，在饲料中添加除臭剂，可以改善畜禽肠道菌群，提高饲料中蛋白质的消化率，既促进消化吸收，又减少粪便中的蛋白含量，减少臭味。养殖场使用1周后，舍内氨气可下降70%以上，有效减少了空气污染，实现了源头减量目标。目前诸城全市养殖场舍已普遍推广应用该项新技术。

（4）厌氧发酵生产有机肥技术 厌氧发酵生产有机肥项目主要以多种兼性厌氧微生物为基础菌群，在粪便中添加一定量的辅料作为碳源供微生物利用，最后装入特殊塑料袋并封口，在厌氧环境下降解有机质。该方法除了可以避免臭味散发外，小容量的袋装更容易存放和运输。乳酸菌、芽孢菌能够快速分解有机质并产生酸，使pH下降，降低氨挥发，既可达到除臭的目的，又可降低氮资源的浪费。

2. 坚持培育新主体 为破解在畜禽粪污治理与资源化利用过程中遇到的资金、设备、技术、人才等瓶颈，诸城市把培育专业化服务新主体作为推进畜禽粪污资源化利用的关键举措，按照“政府扶持、企业主导、市场运作”的思路，通过完善政府、企业、养殖业户之间的利益联结机制，探索创新了以专业化服务企业为主体的畜禽粪污治理和资源化利用3种运作方式。

（1）政府扶持，企业运作 通过争取上级扶持、地方配套等方式，扶持齐舜农业公司投资9 000万元，建设2万米^{3}的大型沼气发电工程，年可处理3.5万吨秸秆、畜禽粪便6万吨，实现发电量1 971万千瓦·时。依托畜禽粪污资源化利用项目，支持信得科技公司投资7 230万元，建设5处区域性粪污集中收集处理中心，基本实现了粪污处理整县覆盖和产业化发展。

（2）设备租赁，产品偿还 针对部分养殖场（户）安装处理设备成本高、产出有机肥的销路不确定等因素，充分发挥信得公司、中环高科、恒基等龙头企业的技术优势和市场优势，推广“企业＋养殖场”合作模式，养殖场租赁企业设备生产有机肥原料，合作厂家回收抵顶设备费用。目前已有33个规模养殖场开展了设备租赁、产品偿还模式的应用。

（3）粪污托管，集中处理 借鉴诸城市病死畜禽集中无害化回收处理的经验做法，对全市配套消纳地不足的养殖场（户）的畜禽粪便，由政府委托第三方通过签约托管处理粪污，现已签约200多家养殖场（户）。

3. 坚持强化监管服务 通过强化技术服务指导、加强设施配建、督导检查等措施，确保畜禽粪污治理与畜禽粪污资源化利用取得成效，加快推进畜牧业生态养殖、绿色发展。

（1）开展指导服务 对诸城全市限养区、适养区内的畜禽养殖场（户）进行技术指导服务，共进场入户8 000余家，发放明白纸5 000余份、整改告知书500余份、指导意见书1万余份。

（2）加强日常巡查 以监管规模场粪污设施配建运行情况和规模以下养殖场（户）粪污处理情况为巡查重点，发现直排问题，及时处理，并随时向镇街政府报告。

（3）实行网格化管理 诸城全市共招录年轻化、专业化村级防疫安全协管员138名，健全网格化监管体系，落实网格化监管制度，将畜禽粪污治理纳入网格化监管内容，明确责任，专人包靠，确保规模养殖场粪污治理与资源化利用工作纵到底、横到边、全覆盖。

（三）效益分析

1. 经济效益

（1）降低养殖成本 实行种养结合，农户在耕地种植饲草饲料，降低了种养两业分离导致的交易成本，饲草饲料可以就近饲喂，畜禽粪便也就近施入农田，节省运输人工等成本，降低养殖业成本。

（2）降低种植成本 农民种地大多依赖化肥，过去种养分离导致土壤有机质下降，土质退化，使化肥利用率降低，用量增大，大大增加了种植成本。实行种养结合，以农家肥替代化肥，极大地减少了化肥使用量，在化肥不断涨价的情况下，降低了种植成本。

（3）增加了农民综合收益 实行种养结合，可以获得绿色有机农产品，提升农畜产品附加值；农户可以横跨种养两业，在市场博弈中掌握更多的资源和规避市场风险的工具。实行种养一体化经营，农户利用肉蛋奶价格上涨机遇，通过养殖业增强经营实力，提高综合收益。

2. 社会效益 该项目的实施，产生的直接经济效益较小，但带来的间接经济效益、生态效益和社会效益是巨大的。畜禽资源化利用整县推进工作，可减少诸城市畜禽粪污造成的环境污染，促进诸城市农牧业生产的健康发展，保障公共卫生安全，为建设诸城市种养结合生态循环绿色农牧业示范县营造一个健康、生态、安全、绿色的生活环境打造良好的基础。

3. 生态效益 该项目将生态循环理念贯穿于各个环节。诸城市种养结合示范县的建成，可提高全市养殖排泄物无害化处理水平，对防止土地污染、水体污染、食品污染、空气污染等环境污染问题发挥了重要作用，实现零排放、无污染。畜禽粪尿经沼气工程、有机肥工程变废为宝，得到资源化利用，对诸城市环境净化，改善畜禽养殖的生态条件，减少畜禽发病率、死亡率，提高畜禽生产性能等具有重要意义。

山东省泗水县

一、概况

（一）县城基本情况

1. 自然条件 泗水县隶属于山东省济宁市，位于山东省中南部，济宁、临沂、泰安三市交界处，位于京津冀经济圈、长三角经济区的交汇处，总面积 1 118 千米^2，辖 13 个镇（街道）、1 个省级经济开发区、596 个行政村（居），63.8 万人。泗水县地势南北高、中部低、由东向西倾斜，是伏羲、舜帝的故乡，先贤仲子的故里，被尊称为“洙泗渊源之地、圣化融液之区”。泗水生态良好，景色优美。先后获得“全国绿化模范县”“全国休闲农业与乡村旅游示范县”等荣誉称号。县城内兖石铁路、327 国道、日兰高速公路和正在建设的鲁南高铁横贯东西，103 省道纵穿南北，西距京台高速、京沪高铁和即将开工的济宁新机场仅半小时路程，形成了较为完备的“陆、铁、空”立体交通体系。

2. 经济社会发展情况 泗水县是济宁市唯一的沂蒙革命老区县、纯山区县、无煤炭资源县，经济长期欠发达。2018 年，全县实现生产总值（GDP）200.17 亿元，按可比价格计算，同比增长 5.4%。全县人均 GDP 达到 36 227 元，比上年增长 5.2%。全县一般公共财政预算收入 8.71 亿元、增长 6.1%，一般公共预算支出 31.4 亿元，同比下降 1.6%。

（二）养殖业生产概况

1. 畜禽养殖和产业发展情况 2018 年，全县存栏牛 4.3 万头、生猪 36.7 万头、羊 34.9 万只、家禽 696.4 万只；出栏牛 3.6 万头、生猪 81 万头、羊 65.9 万只、家禽 1 860 万只；肉、蛋、奶总产量 17.4 万吨，畜牧业产值 37.4 亿元，占农业总产值的 44.5%。开展标准化养殖场创建，先后创建国家级标准化示范场 2 家、省级示范场 15 家、市级示范场 39 家。在畜牧龙头企业的带动下，初步形成了七大畜牧产业链。①生猪产业链。借助连续全国生猪调出大县项目的扶持，使年出栏 500 头以上规模养猪场达 323 个。2018 年广东温氏集团进入泗水，启动 50 万头生猪养殖加工项目，加快了生猪产业转型升级步伐。②肉牛产业链。山东新绿食品股份有限公司年屠宰能力可达 6 万头牛，同时泗水县拥有星村、黄沟 2 个高标准万头肉牛养殖基地。③肉羊产业链。山东中农伟业农业开发有限公司成立于 2017 年，存栏基础母羊 1 万只，是山东省最大肉羊养殖基地之一。④肉鸡肉鸭产业链。济宁鸿润食品股份有限公司是一家从事肉禽标准化养殖、屠宰加工、餐饮连锁为一体的省级农业产业化重点龙头企业，2017 年 12 月该公司成功登陆“新三板”。⑤蛋鸡产业链。发展存栏 1 万只以上规模养鸡场 122 个，在鲁西南形成了“鸡蛋价格看泗水”的鸡蛋生产销售中心，生产的“福万家”富硒无抗鸡蛋，产品成功进入北京、济南的知名超市。⑥肉兔产业链。山东省泗水县圣昌肉制品有限公司，现有年出栏50万只的规模养兔场3处，肉兔生产加工厂1处，连续多年产销量居全省同行业首位，一次性通过欧盟注册验收。⑦蜜蜂产业链。养蜂专业场（户）70家，存栏蜜蜂6 500箱，年产蜂蜜270吨。

2. 主要畜禽产业分布情况　2018年，泗水县各类规模养殖场628个，其中生猪养殖场323个，全县分布；肉牛养殖场42个，主要分布在星村镇、中册镇等泗河沿岸镇街；奶牛养殖场1个，位于圣水峪镇；肉羊养殖场29个，主要分布南、北部山区镇街；蛋鸡养殖场122个，肉鸡养殖场19个，肉鸭养殖场81个，主要分布在高峪镇、圣水峪镇、泗张镇、泗河街道和苗馆镇等镇街；其他畜禽规模场11个，主要分布南、北部山区镇街。

3. 畜禽粪污产量测算　2018年泗水县畜禽粪便产生量为83.51万吨，尿液产生量为48.97万吨，见表1。

表1　2018年泗水县畜禽粪便产生量

畜种	存栏（万头、只）	粪便产生量		尿液产生量	
		每天每头量（千克）	总量（万吨）	每天每头量（千克）	总量（万吨）
生猪	36.7	0.93	12.46	2.19	29.34
奶牛	0.1	25	0.9	11.86	0.43
家禽	696.4	0.15	38.13	/	0
肉牛	4.3	14.8	23.23	8.91	13.98
肉羊	34.9	0.69	8.79	0.41	5.22
合计			83.51		48.97

（三）种植业生产概况

1. 农业规模和种植业生产情况　泗水自古以来就有“川上粮仓”之美誉，是“中国优质林果之乡”“中国优质花生之乡”“地瓜原产地”，是全国最大的薯类淀粉加工基地。主要种植作物及面积见表2。

表2　泗水县主要农林作物种植情况统计

作物种类		种植面积（万亩）
农作物	粮食作物（小麦、玉米、谷子、高粱、大豆、绿豆、薯类）	115.91
	花生	
	棉花	
	药材	
	蔬菜	
	瓜类	
果园	苹果、梨、葡萄、桃等	8.78
人工林地	杨树、元宝枫树等	4.95
合计		129.64

2. 县域土地承载力测算 按照农业农村部办公厅关于印发的《畜禽粪污土地承载力测算技术指南》（农办牧〔2018〕1号）标准计算，泗水县畜禽粪污土地承载力（土地可载畜量）为152.77万头猪当量。2018年泗水县畜禽存栏折算猪当量97.6万头，畜禽养殖发展空间还很大。

二、总体设计

（一）加强组织领导

1. 成立县领导小组 成立由泗水县县长任组长的领导小组，县政府定期召开联席会议，制定资源化利用考核办法，会商工作进展情况，协调解决有关重大问题。

2. 成立县项目资金监管领导小组 成立由泗水县县政府分管领导任组长，县财政局和县畜牧兽医局主要负责同志任副组长的泗水县畜禽粪污资源化利用项目资金监管领导小组，定期召开项目实施进展情况和资金使用监管工作会议，研究确定项目实施的重大事项和资金使用监管。

3. 发挥镇街作用 按照“党政同责，一岗双责，齐抓共管，属地管理”要求，镇（街道）政府（办事处）对本辖区畜禽粪污资源化利用重点县项目负主要监管责任，对项目的实施、质量监管、安全监管、资料收集、初验等负责。泗水县县政府与各镇（街道）签订了《泗水县畜禽粪污资源化利用重点县项目监管责任书》，解决了项目实施主体多、只靠县级集中监管难的问题。

（二）合理规划布局

坚持“因地制宜、因场施策、整县推进”畜禽粪污资源化利用思路，按照就地就近处理利用方向，以泗水独特的山区资源优势为基础，坚持政府支持、企业主体、市场化运作的方针，制定切实可行的项目实施方案。在养殖密集区的华村镇建设畜禽粪便收集处理中心1处，在10个镇街各建设有机肥加工点1处。泗水县全县分散布局，在处理本场粪污的基础上，收集处理周边养殖场的粪污；以县畜牧技术推广工作站为依托，建设移动式有机肥发酵服务站；选取达到规模场规格以上的300余家养殖场配套治污设施；形成“1个粪污收集处理中心+10个有机肥加工点+全县规模养殖场”粪污收集有机肥生产网络，构建起“养殖场双向小循环”“乡镇多向中循环”“县域立体大循环”的粪污资源化利用框架。

（三）规范管理原则

1. 坚持整合项目全县推进的原则 借助全国畜禽粪污资源化利用重点县项目的实施，对原来实施的农村环境综合整治沼气类项目、生猪调出大县项目和济宁市畜禽粪污处理设施改造升级项目等畜禽粪污整治利用项目进行托底排查，通盘考虑，确保全覆盖，整县推进实施畜禽粪污资源化利用工作。

2. 坚持落实主体职责的原则 落实养殖场的主体责任，与承担项目的养殖场签订《2017年泗水县畜禽粪污资源化利用项目建设责任书》。落实镇街政府的属地管理职责，按照“党政同责，一岗双责，齐抓共管，属地管理”要求，镇街对本辖区畜禽粪污资源化利用重点县项目负主要监管责任。

3. 坚持项目资金专款专用的原则 由泗水县畜禽粪污资源化利用项目资金监管领导小组，加强对项目资金使用的监管力度，确保做到项目的专账核算、专款专用。

（四）健全工作机制

1. 总体思路 泗水县确立了“因地制宜、因场施策、整县推进”工作思路，坚持保供给与保环境并重，坚持政府支持、企业主体、市场化运作的方针，坚持“种养结合、生态还田”的原则，坚持源头减量、过程控制、末端利用的治理路径，全面推进畜禽养殖废弃物资源化利用。

2. 配套政策 2018年济宁市实施了畜禽粪污处理设施改造升级项目，对泗水县养殖场的治污设施进行逐一排查，对治污设施不配套的进行升级改造。县级出台《关于深入推进农业供给侧结构性改革加快富民产业发展的实施意见》（泗发〔2017〕18号），对进行种养结合的养殖场，流转养殖场周边连片面积规模分别达到200～500亩、500～1 000亩、1 000亩以上的养殖场（户），县财政分别给予3万元、5万元、10万元的奖励。

3. 工作方法 加强项目监管。实行合同制管理，泗水县畜牧兽医局、财政局与项目实施主体单位负责人签订协议书，明确工作职责，层层压实责任。建立协调联动机制和汇报检查制度，各成员单位加强沟通协作，定期检查和督导进度。加强资金管理。制定严格的资金管理使用保障制度，实行专账管理，科学制定支出计划，做到项目资金专款专用。加大资金管控力度，定期督查资金使用情况，严格监督资金流向。

4. 部门协调 项目申报时，镇街负责筛选实施主体，及时公开公示；项目设备选购时，泗水县政府办公室、财政局、发展和改革局、生态环境局参与考察；项目验收时，泗水县财政局、生态环境局全程参与；项目资金监管领导小组定期召开调度会，通报项目进度和资金使用情况；项目完成后，县审计局进行全面审计。

5. 项目统筹情况 一是从生猪调出大县资金列支出专项对新建猪场治污设施配建奖补，每年支出80万元左右。二是取得济宁市级养殖场粪污资源化利用升级改造项目资金365.8万元，对92个养殖场进行治污设施升级改造奖补154.8万元，对161家养殖场安装喷淋除臭设备进行奖补211万元。三是取得济宁市级美丽牧场和美丽养殖小区建设项目130万元。另外还有泗水县环保局的畜禽粪污治理沼气池建设项目和农业局的沼气能源利用项目等1 200万元，全部投入畜禽粪污资源化利用工作。

三、推进措施

（一）建设规模养殖场配套设施

依据有关法律法规规定，以畜禽舍面积为计算依据，科学核准规模以下养殖场（户）和规模场标准，根据规模实施县、乡、村三级管理，落实畜禽粪污整治和资源化利用责任。将达到规模养殖场标准、录入农业农村部直联直报系统的规模养殖场，纳入县级监管，以泗水县畜牧兽医局监管为主。采取治污设施验收、项目扶持、执法监督相结合的措施，确保规模养殖场粪污处理设施配建率达100%。在项目建设中，一是规范实施流程。制订项目实施流程图，从项目的前期准备、组织施工、项目验收、资金拨付4个阶段，明确项目建设内容和程序，发放到每个项目单位，依据流程图实施项目，有力指导项目建设。二是签订项目实施建设责任书，由泗水县畜牧兽医局和镇街联合与项目实施养殖场签订项目实施责任书，确保项目实施质量和进度。

（二）规范规模以下养殖场（户）

规模以下养殖场（户）的养殖规模小、粪污产量少，周边有足够的农田可以就近就地消纳。泗水县在2016年实施的全县畜禽养殖污染整治工作中，对上述养殖户都配建了基本的储粪棚和污水池。按照《泗水县农村人居环境整治村庄清洁行动实施方案》的要求，制定了工作方案，规模以下养殖场（户）由镇街监管，每季度监督检查，确保粪污收集贮存设施必须达到防渗、防雨、防溢流要求，不发生粪污外排。畜禽散养户由各村居管理，纳入村规民约，确保不得超过规模标准，不准随意放养或散养至自家院外，配有粪污收集贮存设施。

（三）成立第三方处理中心

以山东后盾生物科技有限公司为泗水县畜禽粪便收集处理中心建设和经营主体，项目扶持建设3 186米^{2}腐熟车间，配备粪污收集车4辆，达到年产有机肥10万吨的规模。由后盾生物牵头，10家镇街有机肥加工点和县内30多家大型规模养殖场为主，成立泗水县有机肥产业协会，与10个镇街有机肥加工点签订初级有机肥购销合同，与36家大型规模养殖场签订粪便购销合同，构建有机肥生产销售网络。

四、实施成效

（一）目标完成情况

通过项目实施，2018年泗水县粪污综合利用率达到84%以上，规模养殖场粪污处理设施装备配套率达到100%。

（二）工作亮点

1. 形成四项工作机制 一是建立奖励机制。统筹生猪调出大县奖励资金，明确对猪场新建废弃物无害化处理设施进行补助，扶持建设粪便储存设施和雨污分流系统，加大激励力度。二是建立政策扶持机制。制定出台《现代畜牧业发展规划》和《畜禽粪污处理利用规划》，构建政府、企业、社会共同参与的处理机制。整合济宁市市级资金435万元，支持非禁养区畜禽规模场升级改造，以奖代补鼓励配建粪污处理设施；泗水县财政安排100万元用于畜禽粪污资源化利用技术服务体系建设。三是建立执法监管机制。依法依规开展畜禽规模养殖环境影响评价，对未依法进行环境影响评价的，由环保部门予以处罚，严厉查处畜禽违法养殖和污染环境行为。四是建立督导考核机制。制定畜禽粪污资源化利用专项考核办法，通过电话抽查、现场抽检等方式实行动态管理。对表现突出的专家组成员、技术指导员和技术指导单位给予表彰奖励，对作用发挥不到位的实行末位淘汰，并及时增补。对绩效显著的示范场户，重点给予扶持和奖励，对示范作用差、群众不满意的取消其资格。

2. 形成有机肥生产利用网络 一是实行养殖场小循环。在泗水县全县所有的养殖场范围内推行干清粪的粪尿分离收集模式，确保污水全部通过沼气处理或沉淀自然发酵达到无害化标准，就地生态还田。粪便采取固体粪便堆肥，生产农家肥就地还田利用，构建起种养结合的养殖场小循环框架。就地就近消纳不了的粪便，由养殖场与最近的有机肥加工点签订粪便购销合同，进入乡镇中循环。二是推行乡镇中循环。依托10个乡镇的10个有机肥加工点，每个有机肥加工点与附近没有消纳能力的规模场签订粪便收购合同，加工制作初级有机肥，销售给当地的种植大户，当地销售不了的初级有机肥供给县粪污收集处理中心，进一步生产商品有机肥，扩大销售区域，进入县域大循环。三是支持县城大循环。泗水县畜禽粪污收集处理中心（泗水县后盾生物科技有限公司）与10个乡镇有机肥加工点签订初级有机肥购销合同，10个有机肥加工点与规模养殖场签订粪便购销合同，并成立泗水县有机肥产业协会，形成“粪污收集处理中心＋有机肥加工点＋规模养殖场”的有机肥生产网络。

3. 形成公开招投标与先建后补相结合的支持方式 经泗水县政府常务会研究确定，中央投资的设备和超过30万元以上的土建工程全部采取公开招标制度建设，不足30万元的工程采取先建后补、以奖代补的形式进行建设，既保证了项目建设质量，又加快了项目建设进度。

4. 培育形成6种畜禽粪污资源化利用典型模式 一是以济河街道小山前养殖小区为代表的粪污肥料化利用生态还田模式。全县60%以上的规模养猪场、养牛场采用该模式。二是以山东后盾科技生物有限公司为龙头的畜禽粪便收集处理中心和有机肥加工厂点为代表的粪污专业化能源利用模式。三是以泗水县众成蛋鸡养殖有限公司为代表的固体粪便堆肥利用模式（图1）。四是以泗水县圣邦种猪繁育示范基地为代表的粪污全量收集生态还田利用模式。五是以泗水县德行养殖专业合作社为代表的沼气能源利用模式。六是以泗水县茂强家庭农场等与广东温氏集团合作养猪场为代表的异位发酵床模式。

图1　泗水县润农有机肥有限公司

（三）效益分析

1. 经济效益 泗水县畜禽粪污综合利用率提高15个百分点，年资源化利用畜禽粪污120万吨，其中，堆肥发酵还田利用80万吨、可替代化肥8万吨；年生产有机肥10万吨。

县内规模养殖场粪污处理设施装备配套率达到100%，畜禽标准化规模养殖比重达到85%以上，畜禽病死率降低2个百分点。据测算，通过项目实施，年增加直接经济效益2.84亿元以上。

2. 社会效益 本项目的实施，将使泗水县种养结合的生态畜牧产业得到快速发展，畜禽标准化生态规模养殖水平大大提高，优势区域畜禽规模化比重达到85%以上，探索出一条适宜泗水县山区畜牧业发展的路子，提高畜产品的安全生产能力和自给能力，稳定畜产品供应市场，丰富市民的菜篮子，为泗水县群众增收致富奔小康和畜牧业新旧动能转换探索出新的途径，为社会主义新农村建设添砖加瓦。

3. 生态效益 本项目的实施，实现了畜禽养殖废弃物的无害化、资源化、生态化利用，不仅发展了泗水县生态绿色畜牧业，而且使全县的林业、种植业获得较大的效益增长，有效解决了种植业的有机肥来源问题，在较大程度上改善了土壤品质，使有机种植业得到较快发展，推进了种养业有机结合生态循环农业的发展。有机肥的使用，促使泗水的西瓜、地瓜、花生、小麦、苹果品质得到改善，生产出高档农产品，进一步叫响“泗水西瓜”“泗水地瓜”等农产品绿色品牌。

河南省浚县

一、概况

（一）县域基本情况

河南省浚县位于鹤壁市，县域面积 966 千米^2，耕地面积 114 万亩，辖 1 乡、6 镇、4 个街道办事处、438 个行政村、26 个居委会，总人口 71 万人。近年来，浚县以新发展理念为引领，以转型发展、污染防治、精准脱贫为重点，稳增长、调结构、惠民生统筹推进各项工作。2017 年全县生产总值达 204.4 亿元，同比增长 8.5%；固定资产投资完成 169.8 亿元，同比增长 16%；社会消费品零售总额完成 57.1 亿元，同比增长 12.2%；一般公共预算收入完成 7.1 亿元，同比增长 13.2%；居民人均可支配收入完成 17 846 元，同比增长 9.5%。

（二）养殖业生产概况

1. 畜牧养殖和产业发展情况 浚县是全国生猪调出大县、“粮改饲”项目试点县、河南省畜牧强县、畜牧业发展重点县。截至 2017 年 12 月底，浚县生猪存栏 46.1 万头，出栏 62.6 万头；山绵羊存栏 15.34 万只，出栏 16.7 万只；家禽存栏 745.46 万只，出栏3 290.57 万只；牛存栏 12.19 万头（其中奶牛存栏 982 头），出栏 1.75 万头（表 1）；实现肉类总产量 13.24 万吨，蛋类总产量 5.83 万吨，奶类产量 0.65 万吨，实现畜牧业产值 26.62 亿元，同比增长 0.3%，畜牧加工业产值 11.73 亿元，同比增长 0.51%。

2. 主要畜禽产业分布情况 2017 年，浚县有规模养殖场 441 个场，规模养殖比重达到 85%以上，主要分布白寺乡、新镇镇、小河镇、伾山街道、善堂镇、王庄镇、卫贤等 11 个乡镇，其中生猪规模场 298 个、奶牛规模场 2 个、蛋鸡规模场 58 个、肉鸡规模场 60 个、肉牛规模场 3 个、肉羊规模场 20 个。441 家规模养殖场中，321 个规模养殖场有配套的粪污处理设施设备，规模养殖场粪污处理设施配套率达 73.8%。

3. 畜禽粪污产排情况 浚县畜禽存栏折合猪当量 110 万头，年产生粪便约 80 万吨、污水 320 万吨。

（三）种植业生产概况

1. 种植业生产情况 浚县盛产小麦、玉米、大豆、花生、红枣、苹果、蔬菜等，为农业种养结合发展提供了良好的发展条件（表 1 和表 2）。2017 年，全县小麦种植面积 103.6 万亩，玉米播种面积 78.5 万亩。

2. 县域土地承载力测算 浚县农作物耕地面积114万亩，现有畜禽养殖量需配套粪污消纳土地22万亩，仅占20.37%，畜牧养殖还有较大的发展空间。

表1 2017年浚县畜禽存栏量

畜种	区域畜禽存栏量
生猪	461 000（头）
奶牛	982（头）
肉牛	120 918（头）
羊	153 400（只）
家禽	7 454 600（只）

表2 2017年俊县农作物种植情况

作物品种	种植面积（亩）	作物品种	种植面积（亩）
小麦	1 036 000	棉花	6 120
玉米	785 000	马铃薯	4 215
谷子	1 845	瓜果	2 250
大豆	18 705	大白菜	82 095
油料	279 525	桃	2 250

二、总体设计

浚县通过政策推动和技术创新“双轮驱动”，充分撬动国家项目资金的使用效益和引领作用，着力破解项目资金少、全覆盖难、时间紧、程序多、落地难等畜禽粪污资源化利用整县推进项目实施中的问题，全面推进畜禽粪污资源化利用水平的整县提升。

（一）强化组织领导

浚县县政府成立了县长任组长，各乡镇政府、街道办、发展和改革、财政、生态环境、自然资源、农业农村等部门负责人为成员的畜禽粪污资源化利用项目领导小组。领导小组下设办公室，办公室设在畜牧局，负责日常工作。县长主持政府常务会议，研究制定浚县畜禽粪污资源化利用整县推进项目工作方案。县政府专门建立畜禽粪污资源化整县推进工作联席会议制度，定期或不定期召开会议，研究重大事项，督促任务落实。县政府与各乡镇政府、街道办签订目标责任书。各乡镇政府、街道办分别设立组织，召开相关会议，建立台账、责任到人，为推进项目顺利实施提供了有力的组织保障。

（二）科学统筹规划

围绕浚县全县养殖场实现粪污处理设施设备配套率100%和综合利用率90%以上的建设目标，科学设计，统筹规划，全县2 041个养殖场全覆盖。全县441家规模养殖场，按照一场一策、填平补齐、缺啥补啥的原则，对现有粪污处理设施设备进行完善升级和配套，重点推进节水设施改造、发酵设施完善、排污管理改建，打通粪污肥料化、能源化利用通道，实现畜禽粪污就地就近消纳利用。对全县 1 600 个规模以下养殖场（户）采取“拉网式”排查，统一建设标准、统一验收时间，建设“三防”粪污处理设施，确保全县畜禽粪污处理设施配套率 100%。同时对规模以下养殖场（户）养殖粪污采用分户收集、就地利用和集中处理相结合的办法进行处理利用。依托县域内现有机肥生产企业和种植大户等建设 3 个年处理粪便污水 30 万吨的区域性粪污集中处理中心，收集全县 50%畜禽粪污产生量。鑫鹤生物科技有限公司位于王庄镇，辐射带动王庄镇、屯子镇和善堂镇的养殖场（户）；浚县黎盈有机肥有限公司位于伾山街道，辐射带动善堂镇、黎阳街道、浚州街道，伾山街道、卫溪街道和白寺乡部分养殖场（户）；奇昌有机肥厂位于卫贤镇，辐射带动卫贤、小河、新镇 3 个乡镇和白寺部分养殖场户，确保全县畜禽粪污资源利用率达 90%以上。

（三）创新工作机制

1. 目标管理机制 浚县成立了领导小组和联席会议制度，县政府与各乡镇街道签订目标责任书，明确各乡镇街道负责项目的组织实施；各乡镇街道将目标任务层层分解，建立台账，落实到人。县政府定期或不定期召开联席会议，解决有人管事、有人干事的问题，杜绝遇到棘手的问题找不到部门或没人表态的现象。浚县领导小组办公室定期印发简报，通报全县进展情况、各乡镇街道和有关部门好的做法，印发《畜禽粪污资源化利用整县推进工作明白纸》，下发各乡镇街道，明确指导要点和各项任务时间节点。畜牧局党组将项目实施工作列入全系统重要议事日程，作为攻坚战和头等大事来抓，既牵头统筹，又发挥项目实施主力军作用，搞好指导和服务。班子成员带领 5 个技术指导组，分包 11 个乡镇街道，具体指导项目实施。各乡镇畜牧兽医站先期完成了养殖场基本情况确认摸排、项目申报摸排。畜牧局机关每周召开 1 次例会，全系统每月召开 1 次例会，总结前段进展情况；举办了 10 余次培训班、现场培训活动，对项目技术指导员、大中型规模养殖场负责人进行培训。

2. 协调联动机制 工作推进中形成了在浚县项目领导小组的直接领导下，畜牧部门牵头指导，乡镇街道组织实施，养殖等企业参与建设，相关部门大力支持的工作机制。浚县发展和改革部门负责与省市发改系统协调对接，协助政策咨询、监管和竣工验收；浚县畜牧部门负责县领导小组办公室的日常工作，负责制定实施标准、项目初审、技术指导、监督检查等工作；浚县财政部门负责落实中央及地方配套资金，加强资金监管，协助监管和竣工验收；浚县生态环境部门负责强化养殖污染整治和养殖场粪污处理设施设备的监管检查，协助政策咨询、监管和竣工验收，联合畜牧部门进行现场认定和对涉嫌养殖污染的违法行为依法查处。浚县自然资源部门负责解决养殖场配套设施等设施农业用地，协同选址审批；浚县农业农村部门负责沼气工程技术指导，协调种养结合，有机肥替代项目订单生产、有机肥推广应用，实现县域内种养结合大循环；浚县城市管理部门负责指导城市建成区养殖场（户）清退工作；浚县市场监管、审计、统计、住建、保险等县直部门依照各自的职责，共同推进畜禽粪污资源化利用工作。

3. 第三方监督验收机制 引入第三方机构监督验收的工作机制。在项目申报阶段，重点把控建设内容，审查确定项目建设内容清单。在项目实施阶段，根据项目进度，核定实施主体自筹投入资金，及时对参与项目的实施主体进行跟踪监督，督促实施主体严格遵照方案实施，强化项目资金监管。在项目验收及后续管理阶段，组织项目建设评定，对粪污资源化利用的技术措施及时宣传培训，实行定乡镇、定点、定人管护，以乡镇为单位进行管护和检查，确保中央资金建设的基础设施使用期限。

4. 第三方倒付费机制 浚县建立以市场经济为主导，第三方倒付费机制，督促所有养殖场（户）尤其是规模以下养殖场（户）改进节水工艺，实行雨污分流、干湿分离，建设粪污收集储存设施和小型厌氧处理设施，尿液、污水经无害化处理后就近、就地还田利用。引导养殖场与种植户签订《粪肥消纳协议》，以地定养，与种植户协商共同出资铺设农田管网。在灌溉时提供污水泵，免费用电，液体粪肥免费使用。固体粪污由养殖（户）就地进行"微生物+"堆积发酵，就地加工有机肥半成品，第三方（有机肥厂）或种植大户付费收购养殖场（户）的有机肥半成品。第三方倒付费机制有效解决了传统的粪污收运过程中因生物安全、第三方来回运输带来的有机肥生产成本高等问题。

三、推进措施

（一）规模养殖场

主要采用粪污全量收集利用技术模式、固体粪便堆肥+污水肥料化利用模式。一是改造饮水器。将老式饮水器换成限位饮水器等节水式饮水器，共计改造27 090套，每年每头猪（当量）节水2 635千克。二是改建排污管道，暗道（管）收集输送污水。三是完善厌氧发酵设施。传统的厌氧发酵，多数养殖场的尿液污水只是储存在池子里，处理不彻底，在灌溉农作物时容易烧苗。针对这种情况，浚县在推广大型沼气工程的同时，引进了太阳能沼气组和黑膜沼气。

1. 猪场 大型猪场采用粪污全量收集利用技术模式，配套建设厌氧反应器、沼液储存池、沼气贮气柜、发电机组，铺设农田管网等，沼气用于做饭和发电，沼液和沼渣还田利用。在8个大型沼气工程基础上，2个万头猪场又新增2个厌氧反应器3 000米^3。中小型猪场采用猪+沼+粮（菜）能源化、肥料化利用模式，固体粪便经过堆肥发酵还田利用，液体粪污经过厌氧发酵或多级沉淀处理，沼气用于生火做饭，沼液、肥水用于农田灌溉还田，沼渣用于种植农作物（图1至图3）。建设太阳能沼气组、黑膜沼气池、沼液储存池、堆粪场、污水收集管道，购置铲车、干湿分离机、刮粪机等。

图1 养殖设施改造

2. 鸡场和羊场 鸡场和羊场主要是固体粪便，经过堆肥发酵后还田利用或出售给有机肥厂生产有机肥。产生少量污水和冲洗水储存在污水沉淀池里或经过厌氧发酵后灌溉农田。

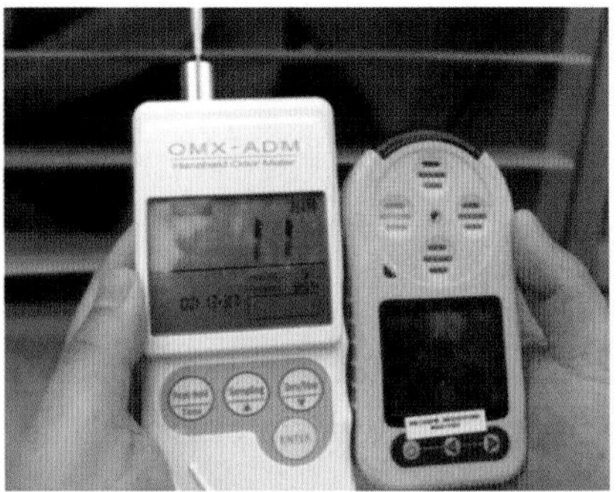

图 2　猪舍进风端和排风端气体监测

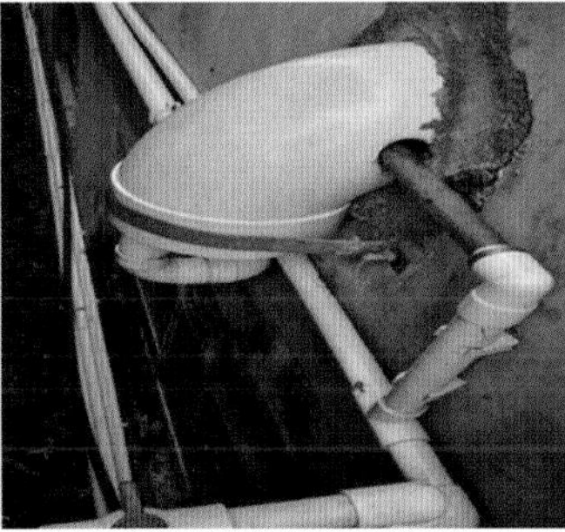

图 3　养殖场节水设施改造

（二）规模以下养殖场（户）

规模以下养殖场（户）采用分户收集、就地利用和集中处理相结合的方式。固体粪便堆肥发酵，尿液污水经暗道收集到储存池或厌氧发酵池，有配套农田能够消纳利用的进行就地利用，或委托集中处理中心进行处理，或由种植大户用做作物肥料进行利用（图 4 至图 6）。规模以下养殖场（户）粪污处理设施建设参照规模养殖场“三防”标准进行建设。

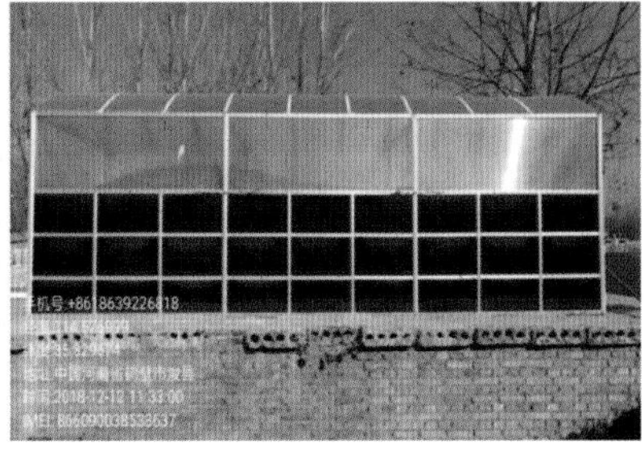

图 4　推广立页增氧发酵技术模式

（三）第三方处理中心

建设 3 个有机肥厂，主要内容包括建设粪污集中收集、贮存、有机肥生产加工等基础设施和购置相关设备。3 个有机肥厂覆盖 11 个乡镇街道，主要收集养殖场（户）还田利用后剩余的粪污进行有机肥生产；另外，积极发动种植大户收集养殖场（户）还田利用后剩余的粪污，经储存池存储发酵处理后就近就地还田利用。

图 5　新型太阳能沼气示范工程

图 6　粪污储存池及输送管道

（四）农牧结合种养平衡措施

根据《畜禽粪污土地承载力测算技术指南》，测算全县的土地承载力，结果见表 3。

表 3　区域土地承载力测算主要利用形式为粪肥全部就地还田

氮供给（吨/年）	磷供给（吨/年）	区域土地承载力（>100%为超载）	
		以氮为基础测算（%）	以磷为基础测算（%）
8 608.26	1 475.70	45.85	40.24

具体到每个乡镇街道、养殖场和种植户的农田，根据种植作物种类不同进行测算分类指导。以猪粪为例，沼渣施用情况：种植小麦、玉米、大白菜每年每亩施肥 1 吨左右，蔬菜类黄瓜一般为 1.5 吨左右，果园（苹果）1.3 吨左右。沼液浓度高时，应稀释使用，粮油类作物开沟施用；沼液年用量 3 000～6 666 千克/亩；蔬菜类黄瓜、番茄与化肥配合使用，沼液年用量 2 000 千克/亩。根据浚县养殖场实际发明了沼肥一体化施肥器，将沼肥和清水按比例进行人工调节，实现沼肥就地就近资源化利用，提高了沼肥利用的便利程度，形成了种养殖一体化的“美丽牧场模式”（图 7）。

图 7 美丽牧场模式

四、实施成效

（一）目标完成情况

本项目的实施，实现了浚县全县畜禽粪污综合利用率达到 90%以上，规模养殖场粪污处理设施装备配套率达到 100%，形成整县推进畜禽粪污资源化利用的良好格局。全县畜禽养殖布局更加合理，建立起农牧结合、种养循环的农业可持续发展机制，有机肥替代化肥的比例不断提升。

（二）工作亮点

1. 依法依规驱动，破解全覆盖难点 浚县全县有大、中、小养殖场（户）2 041 个，仅依靠项目资金很难达到全县粪污设施配套率 100%的项目建设目标。为此，浚县政府召开常务会议研究资金配套问题，认真学习研讨相关文件精神，制定了以项目为引领、全面推动畜禽污染防治法律法规落实的政策措施，县域所有养殖场（户）必须依据环境保护相关法律法规，全部完成畜禽粪污处理设施装备配套建设，否则将依法予以处罚或关停，从政策法规方面助推项目落实。浚县环境污染防治攻坚战指挥部办公室和浚县畜禽粪污资源化利用项目领导小组办公室联合印发《畜禽养殖污染整治和粪污资源化利用告知书》3 000 份，告知养殖场（户）“一场不改造，全县不达标，改造有奖励，不改就关停”。将告知书发放至每个养殖场（户），张贴在醒目位置，广泛宣传，履行告知义务，督促养殖场（户）履行主体责任，在规定时间完成项目建设内容，实现粪污就地就近资源化利用（图 8）。通过召开会议、印发告知书等形式，动员参与企业自筹 50%以上资金，且在财政资金未到位情况下，自筹齐全部资金，开工建设。尽管受非洲猪瘟疫情影响，一部分养殖场原本资金就紧张，复养还需要钱，但在县、乡多次动员下，养殖场看准了必须改造粪污设施、复养才有可能成功的机会，申报参与项目的热情十分高涨。

浚县人民政府办公室文件

养殖业污染整治及粪污资源化利用

明白卡

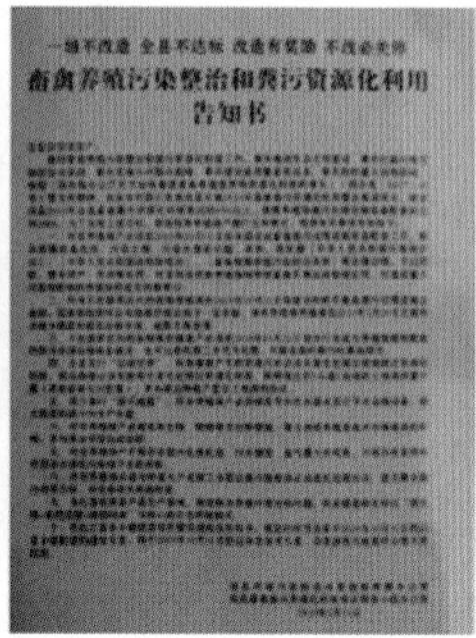
畜禽养殖污染整治和粪污资源化利用告知书

图 8　浚县粪污资源化利用资料

2. 技术创新驱动，打通“最后一公里”　当前，畜禽粪污由“废”变“宝”，投入大、成本高，农业用不起；处理不到位、不达标，农田用不成；使用费劲费力，农民用不动。以上三点已成为打通畜禽粪污资源化利用“最后一公里”必须突破的瓶颈。通过考察学习、试验示范、技术创新，摸索出了适合浚县特点的“五减二提”技术模式。“五减”即减少畜禽粪污产生量，减少畜禽粪污处理量，减少成本投入，减少周转运距，减少用工用人；“二提”即提高畜禽粪污资源化利用率，提高畜禽粪污资源化利用附加值。浚县畜牧局和环境保护局委托河南省畜牧规划设计院制定项目初步设计，编写了施工图纸。以文件形式联合印发《养殖业污染整治及粪污资源化利用明白卡》5 000 份，明确粪污设施建造要点。针对猪场、鸡场不同畜种、不同规模，设计多种模式，先让养殖场自己选，再让技术指导员结合实际选，最终确定自己的模式，“一场一策”，达到政府满意、养殖场满意、实现资源化利用和环境治理“三满意”的目标。

3. 用活第三方，确保项目建设质量　鉴于参与项目实施养殖场数量多，建设内容专业且复杂，在设计、建筑、施工、核算等方面，让专业人干专业事。为此，浚县县政府召开常务会议确定享受项目补贴超过 10 万元以上的养殖场，按规定自主进行招标。委托第三方市场调研机构，负责对项目采购的设备进行市场调研、质量把控、产品留样、竞争性谈判，对堆粪场、污水池等简易建筑施工类项目，按有关建设标准进行预算，确定定额标准，进行项目质量验收和决算。项目领导小组办公室定期或不定期对第三方市场调研机构工作开展情况进行抽查，发现问题及时纠正。第三方市场调研机构在网上发布了调研公告，公开邀请供应商报名参与设备采购，对 14 项主要设备和材料建立采购库，同时，也要求养殖场推荐所购设备供应商入库。在项目施工阶段，聘请第三方工程监理，负责对项目实施进行监督。监理和项目监督责任人做到项目开工到场、建设中到场、竣工验收到场“三到场”。在项目验收环节，每个养殖场竣工后，先向乡镇街道申请初验，初验合格后再由县畜牧、环保等部门组成验收组进行现场认定，签发认定确认书，转交第三方进行验收。第三方验收后进行竣工结算，出具验收报告。以第三方验收为依据，拨付资金，确保了项目建设的质量。

（三）效益分析

1. 经济效益　本项目的实施，一方面可通过促进养殖场节约用水和污水处理费用，减轻治污压力；另一方面有机肥和沼气等产品销售可为养殖场带来部分收益，提高养殖效益。有机肥的增施，可以带动第三方服务组织和种植户节本增收，并带动优质农产品生产销售，实现优质优价，经济效益十分显著。

2. 社会效益 本项目的实施，改造了浚县全县防雨、防渗、防溢流、防臭设施，进一步改善了农村人居环境，居民满意度达90%以上。2018 年举报案件 34 起，2019 年 5 起，与 2018 年相比降低 85.3%。

3. 生态效益 项目实施后，年产有机肥料氮综合利用量为 4.8 万吨，每年每亩地按 20 千克需要量来计算，可改良土壤 240 万亩，有效改善县域内农业生态环境。本项目的实施改善了河流水质，浚县卫河五陵断面水质执行地表水Ⅴ类水质标准（化学需氧量≤40 毫克/升、氨氮≤2 毫克/升、总磷≤0.4 毫克/升），2018 年五陵断面化学需氧量为 22 毫克/升、氨氮 0.96 毫克/升、总磷 0.30 毫克/升，截至 2019 年 7 月 21 日，五陵断面化学需氧量、氨氮、总磷平均浓度分别为 25 毫克/升、0.58 毫克/升、0.16 毫克/升，达到省市控制目标。

河南省西华县

一、概况

（一）县域基本情况

河南省西华县处于豫东平原黄泛区腹地，隶属河南省周口市，总面积 1 194 千米²，耕地 110 万亩，辖 22 个乡镇办事处、1 个省级经济技术开发区、3 个农（林）场、450 个行政村（社区），居住人口 97 万人，涉及 22 个民族。近年来，西华县深入贯彻落实习近平新时代中国特色社会主义思想，科学研究经济发展大势，紧紧围绕“生态西华、宜居西华、创业西华、魅力西华”建设目标，强力推进“经济开发区、临空经济实验区、特色商业区、盘古女娲创世文化园”四区统筹发展，经济社会各项事业持续健康发展。2018 年，全县实现生产总值 249.2 亿元，同比增长 8.4%；完成一般公共预算收入 7.6 亿元，增长 8.7%；农村居民人均可支配收入 10 699 元，增长 9.1%；城镇居民人均可支配收入 25 215 元，增长 8.1%。西华县先后荣获全国美丽乡村建设示范县、全国农技推广先进县、全国生猪调出大县、全国畜禽粪污资源化利用重点县、全省“美丽乡村”工作先进县、全省改善农村人居环境工作先进县、全省农业综合开发重点县等荣誉称号。

（二）养殖业生产概况

近年来西华县畜牧业保持平稳发展态势，全县共有养殖场（户）3 683 户，规模养殖占全县 65.4%。2018 年，猪、牛、羊、禽存栏分别为 68.20 万头、2.57 万头、36.19 万只、979.14 万只，出栏分别为 92.46 万头、1.66 万头、28.71 万只、1 376.46 万只；全年肉、蛋产量 13.72 万吨、6.07 万吨，畜牧业总产值 28.5 亿元。随着畜牧业的快速发展，西华县畜禽养殖正在向规模化、标准化、设施装备现代化方向发展，实现三区分离、净污道分开、自动上料、自动清粪、信息化生产、全区域监控的生产方式，逐步形成龙头带动、基地依

图1　新建畜禽规模养殖场

托、合作互助的产业化发展方式（图1）。2018年畜禽粪污产生量约480万吨，其中粪便约160万吨、污水约320万吨。

（三）种植业生产概况

西华县四季分明、光照充足，属于暖温带半湿润季风气候，年平均气温14℃，降水量747毫米，无霜期216天，适宜小麦、玉米等农作物生长；林木覆盖率25.6%。2019年全县农作物种植面积256.1万亩，其中粮食作物种植面积186.1万亩，主要包括小麦种植面积103万亩、玉米种植面积65.2万亩、大豆种植面积14.2万亩、红薯面积3.2万亩、杂粮面积0.5万亩。油料作物面积25.7万亩，主要包括花生面积25.1万亩、芝麻面积0.6万亩。瓜类面积14.3万亩。蔬菜面积26.5万亩。水果面积3.5万亩。

（四）土地承载概况

西华县农用地规模105.4万亩，其中二等地占31.3%、三等地占53.1%，平均有机质含量为15.39克/千克，全氮含量平均为0.98克/千克，有效磷含量平均15.04毫克/千克，速效钾含量平均112.24毫克/千克。按每亩地承载5头猪当量粪污计算，全县耕地可承载畜禽粪肥约500万头猪当量，目前存栏畜禽约130万头猪当量，全县畜禽粪污可以全部通过粪肥还田资源化利用。

二、总体设计

（一）组织领导

西华县委、县政府高度重视畜禽粪污资源化利用实施工作，成立了由县长任组长，主管环保、农业的副县长为副组长，县政府办公室、农业农村局、环境保护局、财政局、发展和改革局、国土资源局、监察委员会、审计局及各乡镇（办事处）主要负责人为成员的西华县畜禽粪污资源化利用项目领导组。在县农业农村局专门设立了畜禽粪污资源化利用整县推进项目领导小组办公室，负责项目实施过程中的日常管理和信息收集、上报。设立专项资金1 877万元，整合生猪调出大县资金863万元，共计2 740万元弥补项目建设资金缺口。县政府多次召开常务会议和领导组专题会议，强力推进项目的实施工作。各乡镇、办事处政府按照属地管理原则，负责辖区内项目实施的监督与管理。全县形成了上下联动、齐抓共管的工作格局。

（二）规划布局

西华县畜禽粪污资源化利用按照“分片收集、集中处理、有偿清运、付费还田、农污统治，清洁家园”的粪污收集处理运营总体思路，要求全县行政区域内57个已建有大型沼气工程设施和粪污处理设施的养殖场，完善利用设施，铺设田间管网，就地就近自行处理消纳，全部还田利用；所有不具有粪污完全处理和资源化消纳利用条件的养殖场（户），建设粪便暂存堆粪场和污水暂存池，实现全县畜禽粪污全量收集，以76个黑膜沼气粪污处理单元为支点，分乡包治，集中处理，种养一体，还田利用（图2）。

①除禁养区和村庄内，凡不能处理消纳利用的粪污必须委托第三方处理消纳（附近的黑膜沼气粪污处理单元）。

②全县57个已建有大型沼气工程设施和粪污处理设施的养殖场和西华牧原农牧有限公司4个养殖场主要建设沼渣堆放场或粪便堆粪场、沼液储存池、铺设田间管网，做到污水全部自行处理消纳，粪便堆肥发酵制有机肥或委托第三方处理消纳。

③以乡镇、办事处为管理主体，每个乡镇、办事处建设不少于3个黑膜沼气粪污处理单元，全县建设了76个2 000米^{3}黑膜沼气粪污处理单元（区域性粪污处理中心），每单元配备吸污车、运输车辆和装运铲车各1辆，全域实现畜禽粪污资源化利用。

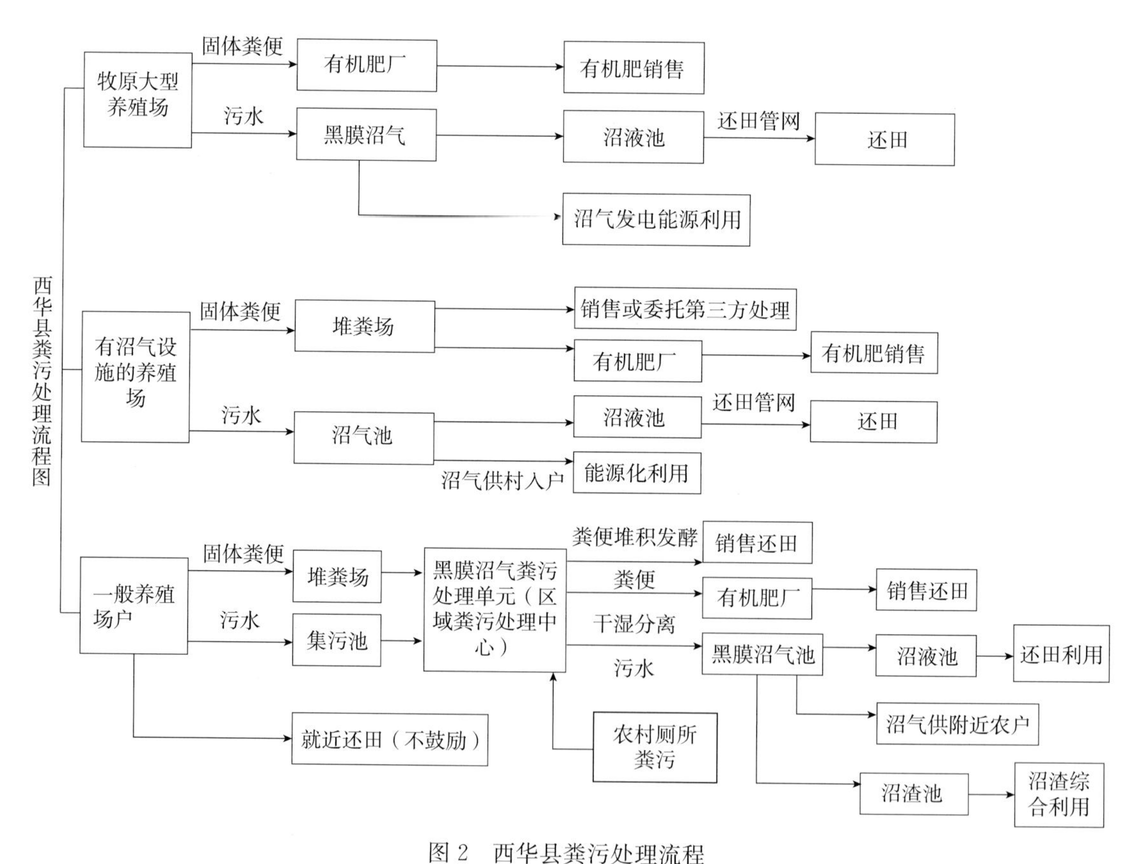

图2 西华县粪污处理流程

（三）管理原则

西华县在县政府的统一领导下，明确责任，协同配合，乡镇为主，有序推进。项目实施由县农业农村局牵头，各乡镇、办事处具体落实，相关单位根据各自职责协同有序推进项目实施。

1. 压实属地管理责任 全县 76 个黑膜沼气粪污处理单元，所有固定资产（配套车辆、建设设施、设备）整体移交到各乡镇政府、办事处监督管理，实行统一管理运营。乡镇政府、办事处结合当地实际情况制定单元管理运营办法，并与承包者签订粪污收集处理委托协议，确保单元服务区域内养殖场（户）粪污全覆盖、全收集、全部还田消纳。

2. 强化养殖场（户）的主体责任 所有养殖场（户）都要在属地乡镇办政府统一监管下，自觉搞好养殖污染治理和畜禽粪污资源化利用，接受各级政府的技术指导和监督检查。

3. 强化县农业农村主管部门、县环保主管部门联合乡镇政府合力监管问效 为保证本乡镇、办事处区域内不出现养殖污染现象及粪污集中处理设施的正常运营，所有不具有粪污处理消纳能力的养殖场（户）要向乡镇政府、办事处递交畜禽粪污集中处理承诺书。县农业农村主管部门、环保主管部门、乡镇政府联合执法，及时查处养殖场、户的养殖污染行为，以严厉的环保执法，倒逼粪污处理和资源化和用设施建设运行。

（四）工作机制

西华县县政府负总责，农业农村主管部门负责统筹和服务指导，县环保主管部门依法监管，乡镇、办事处政府对辖区内畜禽粪污资源化利用工作具体负责，加强监督和管理；养殖场（户）对本场（户）的粪污资源化利用情况负主体责任，负责完善粪污收集、贮存、处理设施，对自身不能处理利用的粪污付费委托第三方专业粪污处理机构进行处理。

三、推进措施

（一）主管部门

充分发挥畜牧主管部门的技术优势，成立畜禽粪污资源化利用技术专家组，在项目实施过程中，通过技术培训和现场服务，及时指导养殖户科学规划建设方案、改进节水设施、改进清粪工艺、改善粪污收集系统、开展回水利用等技术；指导不同层次的养殖场（户）或第三方专业粪污处理机构开展各种形式粪污处理和利用方式，根据不同作物、蔬菜、果园、苗木及食用菌栽培对粪肥的不同需求，开展不同形式粪肥制作方式，尽可能开展高端有机肥、专业肥制作，实现粪污末端资源化利用和效益最大化。

（二）大型规模养殖场

西华县全县 57 个建有大型沼气设施的大中型养殖场，基本具备粪污自行处理能力，通过引导、监管和项目资金扶持，建设沼液储存池和铺设沼液还田田间管网，确保污水经过无害化、肥化处理后，进入农田、果园、蔬菜基地、苗木基地等消纳利用。西华牧原等规模养殖场，建设了与养殖规模相配套的沼液储存池，使大中型养殖场生产的污水既能够处理，又能够定期存储，以便到还田利用季节及时还田利用（图3）。

图3 大型沼气工程及沼液存储设施

（三）规模以下养殖场（户）

西华县全县1 800多家规模以下养殖场（户），在自主开展粪污处理“源头减量、过程控制、末端利用”基础上，采取以奖代补的方式扶持规模以下养殖场（户）建设粪便堆粪场和污水集污池等暂存基础设施。同时环保部门加强环保督查力度，对建设粪污存储设施不达标的养殖场（户）进行依法监管，用环保手段倒逼养殖业转型升级，整改一批，完善一批，淘汰一批，实现全县所有养殖场（户）粪污全部收集、处理、利用，整县推进。

（四）第三方处理中心

西华县规模以下养殖场（户）较多，分布相对密集。为了实现畜禽粪污能够全收集、全处理、全利用，缩小收集运输半径，降低收集运输成本，使处理的粪肥就近得到还田利用，全县实施“分片收集、集中处理、有偿清运、付费还田、农污统治，清洁家园”（图4）。根据地理状况、实际养殖量及分布情况，以4 000头猪养殖当量为1个片区，建设1个2 000米^{3}黑膜沼气、3 000米^{3}沼液存储池的配套粪污处理利用设施单元，每单元配套吸污车、粪便运输自卸车和装运粪便的铲车各1辆，收集和处理辐射区域内的粪污。全县规划建设76个黑膜沼气粪污处理单元，每单元作为区域内粪污处理第三方，收集处理辐射区域内所有养殖场（户）不能消纳的粪污，同时处理农村环境整治和农村厕所产生的粪污或污水。

图 4　有机肥集中处理中心

（五）农牧结合种养平衡措施

西华县通过新建规模养殖土地备案和环评备案，合理规划了新建养殖场的布局，建立生态循环体系。有沼气的规模养殖场和西华牧原养殖场通过建设沼肥还田配套设施，流转周边农田或签订沼肥还田协议，做到粪污就地处理、就近消纳，形成种养结合生态循环的小循环。每乡镇建设不低于 3 个黑膜沼气处理单元（第三方），所有养殖场（户）不能处理消纳的粪污交由附近的第三方收集处理，粪污通过第三方无害化处理产生沼肥就近还田利用，形成县域内外种养结合生态大循环。黑膜沼气粪污处理单元配置吸污车、粪便运输自卸车和装运粪便的铲车各 1 辆，西华县全县共配备 228 辆，收集和处理辐射区域内的粪污（图 5）。同时通过环境影响评价减少养殖污染发生的可能，促进粪污就地处理、就近消纳，实现区域种养平衡。鼓励有粪肥需求的中小型养殖场（户）建设堆粪场和储污池，将本场（户）所产生畜禽粪污全部收集到堆粪场和集污池中，收集一定量后，粪便可以堆积发酵腐熟，也可和农作物秸秆混合堆积发酵，制作农家肥；污水在集污池内经过一定时间的厌氧发酵或曝氧氧化，消灭有害微生物后，成为液态有机肥，这些肥料以自有土地或周边农田、菜园、果园、林地等就近追肥利用为主要利用方式，形成种养结合生态循环的微循环。

图 5　粪肥还田设施

四、实施成效

（一）目标完成情况

1. 中小养殖场（户）建设暂时堆粪场和污水存储池情况 中小养殖场（户）计划建设堆粪场24 925米^2、集污池167 253米^3，此项工作于2017年12月完成，西华县全县经乡镇（办事处）政府验收合格的1 654家养殖场（户）实际建设堆粪场47 440米^2、集污池171 753米^3。

2. 大型养殖场粪污存储利用设施建设情况 西华县全县57家已建有大型沼气工程设施的养殖场项目建设堆粪场6 525米^2、沼液存储池276 217米^3，铺设沼液还田灌溉田间管网主管网30 610米。西华牧原4个养殖场按规划建设了配套的粪污资源化利用设施。

3. 第三方处理设施建设情况 76个黑膜沼气单元配套的228台粪污收集运输车辆已全部分发到各乡镇、办事处，实现了西华县全县畜禽粪污资源化利用率达90%以上、规模养殖场粪污处理设施装备配套率达100%的建设目标。

（二）工作亮点

1. 领导高度重视 项目实施对推进养殖污染治理、改善人居环境、建设美丽乡村、打赢脱贫攻坚、畜牧业转型升级都有积极的促进作用，是一项民生工程，已纳入西华县县政府重点项目、重点工作，成立专项领导组，定期召开推进会。在县财力非常紧张的情况下，拿出专项资金弥补项目建设资金缺口，每年还将拿出约520万元经费保证76个黑膜沼气单元的正常运营。

2. 明确责任，协同配合，有序推进，乡镇为主 项目在西华县县政府的统一领导下，县农业农村局牵头，各乡镇、办事处具体落实，相关单位根据各自职责，协同有序推进项目实施。落实属地管理责任，黑膜沼气单元的资产及运营交由属地乡镇政府监管，乡镇、办事处根据当地情况择优委托各种合作组织或个人负责黑膜沼气单元运营，并制定管理运营办法。养殖场、户是养殖污染治理的主体，自觉服从属地政府的监督管理，所产生的畜禽粪污可自觉就近进行无害化处理并还田利用，也可自觉付费委托附近第三方（黑膜沼气单元）集中收集处理。

3. 项目实施做到全覆盖 中小养殖场（户）建设了粪污暂存设施，达到一定储存量后及时交由附近黑膜沼气处理单元（第三方）集中收集处理；有沼气的规模养殖场和西华牧原养殖场通过建设粪污还田配套设施，做到粪污就地处理、就近消纳。

4. 通过各种形式使粪污得到资源化利用 西华县沼液通过还田管网，可做到种养结合的区域小循环；通过购买配套车辆，可做到县域内外种养结合的区域大循环。全县228台配套车辆，通过养殖者和种植者付费、第三方收费形成市场化运营，既可以收集或还田辐射区域内的粪污，也可以为了经济利益收集或销售区域外的粪污，真正通过项目实施把畜禽粪污资源化利用变成一个产业。

5. 统筹解决了农村污水和厕所革命产生粪污所带来的环境污染压力 配套车辆随时可用于覆盖区域内农村垃圾的清理和厕所粪污的收集处理，逐步形成“分片收集、集中处理、有偿清运、付费还田、农污统治，清洁家园”的长效机制，彻底解决农村厕所和养殖粪便处理问题。

（三）效益分析

1. 经济效益 该项目自2017年在西华县实施以来，1 715个养殖场（户）进行了粪污存储设施及资源化利用设施的改造，覆盖畜禽110万头（猪当量）。畜禽养殖废弃物“源头减量、过程控制、末端利用”技术的集成、应用和推广，取得了显著的经济效益。全县粪污减排总量达45万吨；节水减排节约费用达2 900万元，节省减排收贮设施费用达9 000万元；粪污资源化利用收益约5 000万元；氮、磷、碳分别减排达到3 493吨、525吨、62 926吨；重金属铜、锌减排分别达182吨、231吨；合计新增收益约1.7亿元。全县畜禽粪便通过配套的76辆运粪车、76辆铲车收集到粪污处理中心或有机肥厂，可制有机肥约15万吨，每吨产值按600元计，全县有机肥产值约9 000万元。全县项目新增铺沼液还田管网约8万米，新增吸污还田车辆76辆，这些水肥或沼液还田设施足以把180万吨污水全部经无害化处理还田。全县180万吨水肥，每亩全年按60吨浇灌还田计，可浇灌农田3万亩，据西华牧原试验，每亩减少化肥使用、节省种植户清水浇灌、节省农药、产量增加产值等费用平均综合效益约400元，3万亩地增加经济效益约1 200万元。

2. 社会效益 西华县畜禽粪污综合利用率由原来的65%提高到90%以上，规模养殖场粪污处理设施装备配套率达到100%，畜禽养殖场生产环境明显改善，生猪养殖效益大幅提升。养殖场周边蚊蝇乱飞、污水横流、臭气熏天的环境得到了明显改善，实现了人畜和谐相处，缓和改善了邻里关系，促进了美丽乡村建设，产生了良好的社会效益。

3. 生态效益 项目可促进种养结合，发展物质和能量良性循环的生态养殖模式，改善区域内农业生态环境，促进西华县农牧业的可持续发展；沼气资源代替煤炭可减少环境污染；提供优质的有机肥料，有助于农作物增产增收，减少化肥和农药用量；除臭措施的应用可有效减少养殖场臭源排放，改善周边农户生活环境质量。

甘肃省张掖市甘州区

一、概况

（一）县域基本情况

甘肃省张掖市甘州区位于黑河流域中游、河西走廊中段，南北两面环山，黑河横贯全境，由西南向东北倾斜。甘州区是古丝绸之路重镇之一。全区辖 1 个国家级经济技术开发区、5 个街道、13 个镇、5 个乡（其中 1 个少数民族乡）。总人口 51.7 万人，其中城市人口 19 万人，有汉族、回族、蒙古族、裕固族等 22 个民族。甘州区是典型的绿洲农业区和大型灌溉农业区，区内地势平坦，耕地集中，土壤肥沃，光热资源丰富，系太阳辐射高质区，具有太阳辐射强、日照时间长、昼夜温差大等特点。全国第二大内陆河——黑河纵贯甘州区，是甘州区的主要水源，年径流量 24.7 亿$米^3$，年水资源引用量 8.97 亿$米^3$，农田水利设施配套完善，形成了干、支、斗、农、毛渠纵横交错的灌溉渠系，为粮油、蔬菜、林果、种子和草畜等支柱产业发展提供了充足的水资源保障。近年来，甘州区在张掖市委、市政府的坚强领导下，立足“生态安全屏障、立体交通枢纽、经济通道”区域发展定位，全力打造以宜居宜游为重点的区域首位产业、以新能源产业为重点的战略新兴产业、以现代农业为重点的特色优势产业，为全面建成小康社会奠定了坚实基础。2016 年，全年实现生产总值 168.77 亿元，比上年增长 8%，三次产业结构比重由上年的 22.7∶24.2∶53.1 调整为 22.2∶23.1∶54.7。

（二）养殖业生产概况

甘州区是全国畜牧大县、全国肉牛主产县区、全国生猪调出大县。2016 年，全区肉牛存栏 29.03 万头，出栏 12.52 万头；奶牛存栏 2.2 万头；生猪存栏 25.34 万头，出栏 31.56 万头；肉羊存栏 68.64 万只，出栏 42.53 万只；鸡存栏 243.45 万只，出栏 466.78 万只；畜禽总存栏折合 212.4 万个猪当量。全区畜牧业产值达 17.2 亿元，占农业总产值的 35.1%，肉类总产量 9.24 万吨，蛋类总产量 1.53 万吨，奶类总产量 6.63 万吨。建成占地 10.3 万亩的现代循环畜牧产业园区 1 个，带动了标准化规模养殖快速发展，有规模养殖场 1 018 个，规模化比重达 63.1%。2016 年，全区畜禽粪污产生量 367.22 万吨，其中肉牛产生粪污 211.93 万吨，占总粪污量的 57.71%；奶牛产生 24.10 万吨，占 6.56%；生猪产生 67.75 万吨，占 18.45%；肉羊产生 50.11 万吨，占 13.65%；鸡产生 13.33 万吨，占 3.63%。

（三）种植业生产概况

1. 农用地规模 甘州区总土地面积 4 240 $千米^2$，其中耕地面积 134 万亩、园地 3.8 万亩、林地 18 万亩、草地 180.75 万亩。基本农田 107.47 万亩，占耕地面积的 80.2%。

2. 种植业生产情况 甘州区是典型的绿洲农业和大型灌溉农业区，盛产小麦、玉米、大米、红枣、苹果、豆类及各种蔬菜，农业整体水平处于全国一熟制地区先进行列，形成了制种玉米、高原夏菜两大支柱产业。近年来，甘州区先后被确定为全国杂交玉米种子生产基地、国家现代农业示范区、全国农业改革与建设试点示范区、全国产粮大县。2016 年，全区粮食播种面积 78.37 万亩，粮食总产达到 45.18 万吨。其中，小麦 3.42 万亩，产量 1.83 万吨；玉米 70.7 万亩，产量 41 万吨；马铃薯 2.61 万亩，产量 1.8 万吨；油料 1.17 万亩，产量 0.34 万吨；药材 2.1 万亩，产量 0.9 万吨；蔬菜 12.81 万亩，产量 56.06 万吨。建成国家级玉米制种基地 50 万亩，成为全国最大县域良种基地，玉米种子产量占全国大田玉米用种量的 27%；发展设施农业 8 万亩，建成 35 万亩高原夏菜基地，年产优质蔬菜 130 万吨。全区农业总产值 67.9 亿元，其中种植业总产值 36.3 亿元。

二、总体设计

（一）组织领导

1. 成立领导小组 为了加强对项目的领导和协调，甘州区成立了由区政府区长任组长，区委、人大、政府、政协分管和联系农牧业工作的领导为副组长，发展和改革、畜牧、农业、财政、国土资源、生态保护等部门主要负责人为成员的项目建设实施领导小组。

2. 组成项目建设管理办公室 为了按期保质保量完成项目建设任务，成立了由区发展和改革委员会主任任主任，畜牧兽医局局长任副主任，区发展和改革委员会及区畜牧兽医局相关部门负责人为成员的项目建设管理办公室。项目建设管理办公室办公地点设在甘州区畜牧兽医局。项目建设管理办公室主要负责项目的实施，组织和协调有关部门对建设项目进行审查、跟踪管理，对项目执行情况及资金使用情况进行检查、监督，对项目完成情况进行预验收，并负责项目实施过程中的一系列技术服务和施工技术工作。

3. 明确各部门所承担的责任 甘州区有关部门明确在工程建设中的责任，加强相互之间的协调沟通，及时解决项目实施中的困难和问题，共同推进项目的顺利实施。区发展和改革局负责建设任务的综合协调和上下衔接工作；财政部门负责财政补助资金的下达和落实，并加强监督检查，确保资金专款专用；国土资源部门负责落实项目用地的审批，确保建设任务符合国家要求；区畜牧兽医局是项目建设的组织实施者，具体负责落实项目主体单位、进行技术指导、检查验收、绩效考核等工作；区生态环境分局负责项目运行情况的监督管理、检查验收、绩效考核等工作。

（二）规划布局

根据国家发展和改革委员会、农业农村部《全国畜禽粪污资源化利用整县推进项目工作方案（2018—2020）》，结合项目实施原则，甘州区肉牛、奶牛、生猪养殖和粪污资源化利用实际情况，拟选择粪污处理基础条件较好、具有辐射和带动作用的 15 个规模化肉牛、奶牛、生猪养殖场，实施粪污处理利用设施和配套设施改造升级项目；选择肉牛、奶牛、生猪养殖相对集中的南部片区和西部片区，实施区域性粪污集中处理中心项目和大型沼气工程项目。其中，南部片区建设粪污集中处理中心，负责收集南部及东部的大满、小满、安阳、花寨、碱滩、上秦等乡镇的肉牛、奶牛、生猪养殖粪污；西部片区建设大型沼气工程，负责收集西部及南部的甘浚、明永、沙井、乌江、新墩等乡镇的肉牛、奶牛、生猪养殖粪污。

（三）管理原则

1. 加强项目资金使用监管 甘州区财政、审计部门严格执行中央预算内投资管理的有关规定，切实加强资金管理。项目实施主体单位对中央补助投资，要做到专户管理，独立核算，专款专用，严禁滞留、挪用。

2. 强化环保执法监管 成立甘州区环保大督查办公室，作为区生态环境分局的常设临时机构，实行集中办公、联合执法，负责监督检查全区规模养殖场、区域性粪污集中处理中心、大型沼气工程项目运行情况。

三、推进措施

（一）规模养殖场

张掖市甘州区绿洲奶牛繁育农民专业合作社（图 1）成立于 2011 年 4 月，是一家集奶牛养殖、繁育，鲜奶生产、销售为一体的综合型合作社。合作社位于甘州区党镇绿洲示范园区，设计养殖规模为 3 000 头，目前已建成标准化牛舍 8 栋、18 000 米^2，青贮窖 4 座、22 600米^3，并列式挤奶厅 1 座、2 500 米^2，精料库房 32 间，干草棚 2 200 米^2；现存栏良种奶牛 2 300 头；建成氧化塘容积 1 000 米^3、干粪堆场 1 000 米^2、地埋式排粪沟 300 米，购置固液分离设备 1 套，有效提升了标准化养殖水平。

图 1　甘州区绿洲奶牛繁育农民专业合作社

1. 粪污收集处理、利用流程和关键技术

(1) 粪污收集处理 养殖场每一间圈舍均有配套的刮粪板和集粪池，圈舍粪污通过刮粪板全量收集进入集粪池，上层清粪经固液分离，液体进入氧化塘处理，加水按比例稀释后，用液肥喷洒车进行喷灌，用作牧草的有机肥料（图 2）。

图 2 固液分离机和氧化塘

同时，经固液分离后的固体粪污一部分经堆肥发酵后，还田到牧草基地作为肥料，一部分经翻抛干燥处理后用作牛床垫料。集粪池中的下层粪污经管渠流入沼气生产系统集污池，经搅拌调浆池调浆，在上料车间加入至反应罐，经发酵后产生沼气、沼渣和沼液。沼气经净化处理后进入储气柜，用于周边 460 多户农户生活用气和企业自用；沼液用于周边牧草基地喷洒施肥；沼渣烘干后用于牛床垫料（图 3）。

图 3 沼气生产车间及沼渣好氧发酵大棚

(2) 利用流程 见图 4。

(3) 关键技术 工艺主要选用密闭式堆肥反应器处理牛粪，通过对物料的通风、搅拌使物料进行高温发酵，从而达到物料的腐熟化、稳定化、无害化。

2. 运行机制 张掖市甘州区绿洲奶牛繁育农民专业合作社采用集中收集处理粪污沼气发酵循环模式对畜禽粪污进行处理，并通过管网将产生的沼气供给场区生活区及周边农户使用，所产生的沼渣、沼液全部用于养殖场饲草基地使用，实现粪污资源化利用和种养结合。

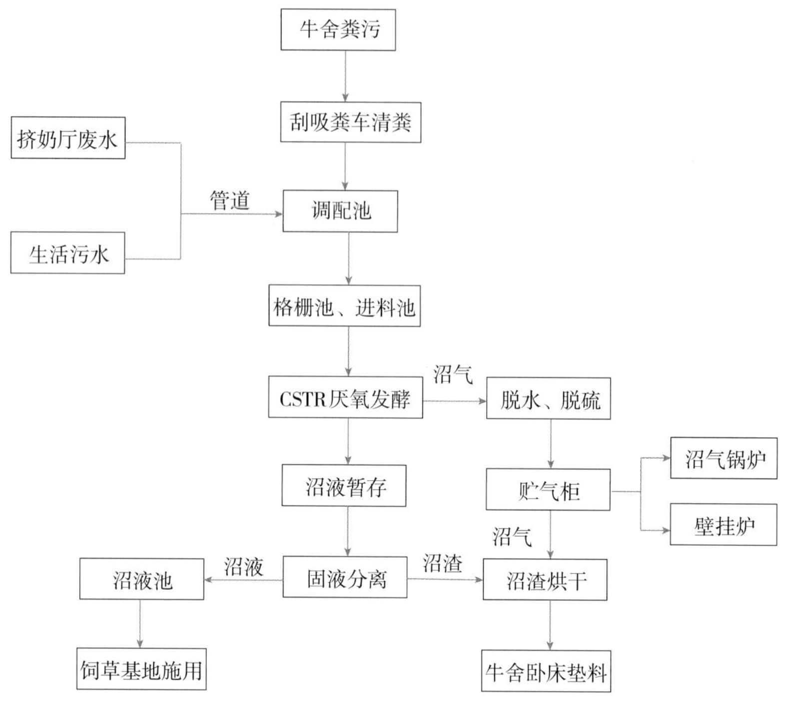

图4　奶牛场粪污处理利用流程

（二）第三方处理中心

甘州区区域性畜禽粪污集中处理中心（图5）是由甘肃前进牧业科技有限责任公司承担建设的第三方畜禽粪污收集处理中心。该公司始是目前甘肃省养殖规模最大的畜禽养殖基地，现存栏荷斯坦奶牛35 000多头，总日产鲜奶量达460吨，年产粪污量为38.33万吨。公司现有18 000亩的饲草基地，主要种植苜蓿草和青贮玉米。新建甘州区区域性畜禽粪污集中处理中心1处，项目建成后可年收集处理利用周边乡镇养殖场肉牛、奶牛、生猪养殖粪污33.89万吨，年产固体生物有机肥6.78万吨、液体生物有机肥20.33万吨（图6）。

1. 粪污收集处理利用

（1）粪污收集处理　牛舍采用自动定时清粪，养殖区域每栋牛舍都配备专用的刮板清粪机及集粪池。由清粪机定时清理牛粪并收集到集粪池，由专用运输车辆将粪便运输至有机肥

图 5　甘州区区域性畜禽粪污集中处理中心

图 6　第三方处理机构

加工产区。

（2）利用流程　周边养殖户的畜禽粪便，先统一收集到暂存池，经固液分离后，固体部分运到粪污处理中心，经好氧发酵和有机工艺处理后加工成有机肥；液体部分进入氧化塘发酵后通过输送管路灌溉农田。畜禽粪污经上述处理后，实现全消纳循环利用（图7）。

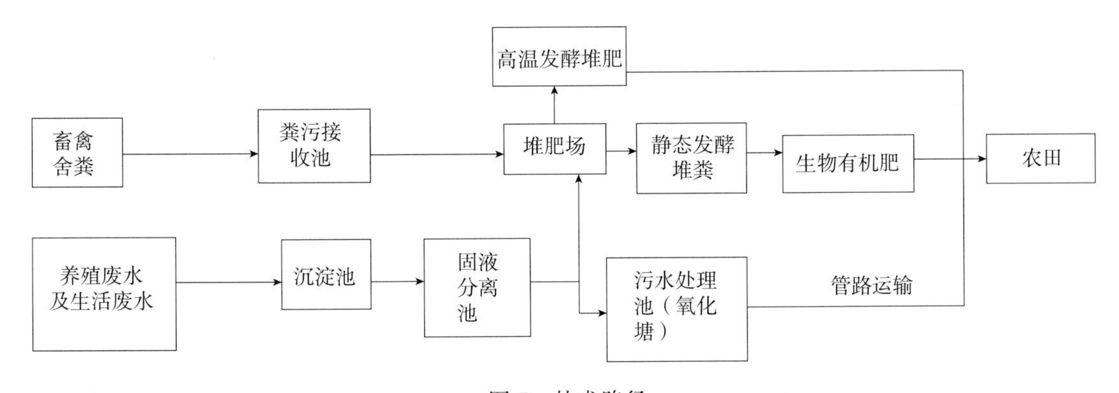

图 7　技术路径

2. 固体有机肥加工工艺及技术

（1）预处理　由于粪便含水率较高，堆肥时预处理主要是调整水分和碳氮化。

（2）好氧发酵　堆肥可以分为四个阶段（图 8）。①一级发酵：该阶段通常需要向堆积层或发酵装置中供氧，堆肥原料中存在的微生物吸取有机物中的碳、氮等营养成分，在合成细胞质自身繁殖的同时，将细胞中吸收的物质分解产生热量。一级发酵可露天进行也可在发酵装置中进行。②二级发酵：在该阶段，将一级发酵未分解、易分解及较难分解的有机物进一步分解，使之变成腐殖酸、氨基酸等比较稳定的有机物，得到完全成熟的堆肥成品。此阶段通常不需要通风，但应定期进行翻堆。③后处理：堆肥成品需要经过分选去除杂物，并根据需要进行再干燥、破碎、造粒以及打包、压实选粒等过程，在实际操作中应根据需要确定后处理的有关工序。④贮存：堆肥发酵受场地和时间限制，一般应设有至少能容纳6个月产量的贮存设施。

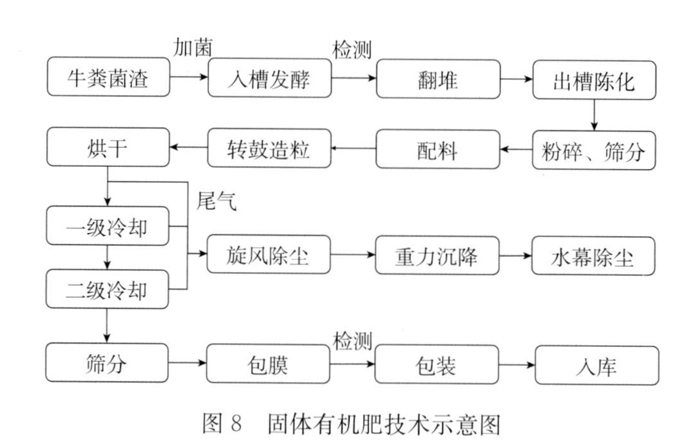

图8　固体有机肥技术示意图

3. 液体生物有机肥加工工艺和技术

（1）收集　养殖废水及生活污水通过管道进入沉淀池。

（2）沉淀　将废水通过三级沉淀池将沙土沉淀后，进入固液分离池。

（3）搅拌切碎　在固液分离池用搅拌切割泵将混合粪污搅拌切碎，打入固液分离机。

（4）固液分离　通过固液分离机将粪污分离成液体和固体，液体进入液体生物肥发酵池，固体进入固体肥堆肥场。

（5）厌氧发酵　粪水进入氧化塘，厌氧发酵。

（6）液态有机肥施用　发酵好的液态有机肥通过输送管路输送到喷灌、滴灌调水池，按照施肥量加入到调水池，通过喷灌机和滴灌带浇地进行灌溉。

4. 运行机制　按照“收集—处理—利用”的方式，建立收储体系，将周边养殖场畜禽产生的粪便、尿液和生产过程中产生的废弃物、废水等进行收集处理生产有机肥，最终实现“变废为宝、循环利用”的目的。

四、实施成效

（一）目标完成情况

按照“源头减量、过程治理、末端利用、种养平衡、循环利用”总要求，用生态发展理念引领畜牧业，完善规模养殖场基础设施与粪污治理设施，推进畜禽养殖粪污资源化利用。目前甘州区肉牛、奶牛、生猪养殖粪污综合利用率达到92%，肉牛、奶牛、生猪规模养殖场粪污处理设施装备配套率达到100%。同时，建立起有效的畜禽粪污资源化利用机制与市场运营模式，构建起“生态环保、安全高效、持续健康”的区域畜牧业发展格局和良性循环产业链，全面推进现代畜牧业持续健康发展。

（二）工作亮点

1. 创新投入机制 发挥财政资金的引导作用，吸引社会资本投入，建立多层次全方位的融资机制，引进海尔融资租赁有限公司，为畜牧业融资2亿元，开辟融资新途径。

2. 制定项目建设管理制度 严格按照投资项目管理的有关规定，切实落实项目法人责任制、招投标制、工程监理制、合同管理制和工程质量责任终身制，规范项目建设程序；层层签订责任书，并健全工作机制，实行行政领导和技术人员“双轨”承包责任制；把工程建设质量纳入各级领导干部政绩和技术人员业务能力考核范围，推行奖惩制度，确保工程顺利实施。

（三）效益分析

1. 经济效益 通过项目实施，甘州区年新增固体有机肥14.20万吨、液体有机肥42.59万吨、沼气770.78万米^3，年均增加产值16 256.76万元，年节约标准煤0.54万吨。

2. 社会效益 本项目的实施，使甘州区肉牛、奶牛、生猪养殖粪污综合利用率由68.4%提高到92%，极大地改善畜牧业生产环境，对加快当地畜牧业健康可持续发展，推进种植业面源污染防治，促进农民增收、农业增效，增加就业岗位，推动当地经济、文化、教育、卫生事业发展，加快社会主义新农村建设和城镇一体化建设都将起到积极的促进作用。

3. 生态效益 对肉牛、奶牛、生猪养殖粪污的综合利用，大大减少了农业面源污染，对改善项目区生态环境、保障人畜身体健康、提升耕地土壤肥力、提高农产品质量、确保农作物稳产高产具有十分重要的作用。

宁夏回族自治区贺兰县

一、概况

（一）县域基本情况

贺兰县是宁夏回族自治区银川市辖县，位于宁夏回族自治区北部，属于中温带干旱气候区，南与自治区首府银川融为一体，北与国家5A级景区沙湖相毗邻，西依贺兰山，东临黄河。辖区总面积1 197.57千米^2，总人口（常住人口）26.17万人，农村人口11.26万人，下辖4镇、1乡、2个农牧场。贺兰县境内河流湖泊纵横交错，是黄河自流灌溉地区，灌溉耕地面积57万亩。县内优质粮食、蔬菜、水产、奶畜等“一优三特”产业闻名遐迩。贺兰县是全国商品粮生产基地、西部四季鲜菜之乡、西北渔业第一大县，是国家级现代农业示范区、国家级现代农业改革与建设试点县、国家现代农业产业园、全国畜牧业绿色发展示范县。贺兰县丰富的农业资源、得天独厚的自然禀赋，为贺兰县发展现代畜牧业奠定了坚实的基础。

（二）养殖业生产概况

贺兰县是全国奶牛大县，县委、县政府高度重视奶产业发展，《贺兰县农业“十三五”发展规划》将奶产业作为“一优三特”主导产业进行重点培育，全力打造宁夏优质奶源基地和优质奶牛繁育基地，奶产业成为全县农业农村经济的支柱产业。2018年年底，全县存栏奶牛4.65万头、肉牛2.12万头、生猪2.75万头、羊12.03万只、家禽95.17万只，肉、蛋、奶产量分别达到10 796吨、4 048吨、249 338吨，全年畜牧业产值13.19亿元。奶产业做为畜牧业的主导产业，规模化标准化程度高，规模化养殖率达到99%。

（三）种植业生产概况

贺兰县农业基础雄厚。全县耕地面积57万亩，98%以上耕地为黄河水自流灌溉，盛产小麦、玉米、水稻、蔬菜。全县水稻种植面积18.2万亩，玉米12.8万亩（其中籽粒玉米5.5万亩，青贮玉米7.3万亩），小麦8.4万亩，优质多年生饲草4.47万亩，蔬菜种植面积14.95万亩（设施蔬菜3.05万亩，供港蔬菜基地3.9万亩，露地菜8万亩）；成立了“有机水稻产业联合体”和“蔬菜产业联合体”，为发展绿色有机农业注入了生机与活力。根据《畜禽粪污土地承载力测算技术指南》，以氮为基础、土壤氮养分水平Ⅱ、粪肥比例50%、当季利用率25%的不同植物土地承载力推荐值进行测算，贺兰县耕地、林地、草地所能承载最大存栏825 997头猪当量。以2018年奶牛、肉牛、羊、家禽、生猪存栏量为基础折算，全县养殖规模为494 655头猪当量，全县有充足土地消纳畜禽养殖粪污，具备发展种养结合、循环发展模式的条件。

二、总体设计

（一）强化组织保障

为确保整县推进项目顺利实施，贺兰县组织成立了项目领导小组、技术专家组、实施小组。领导小组由政府负责人担任组长，农业农村、发展和改革、生态环境、自然资源、审计、财政等相关部门负责人为组员，主要负责顶层设计、组织部署、调度指挥、部门协调、督查验收。邀请自治区畜牧工作站、银川市环保监测站与贺兰县农业农村局等相关领域专家组成技术专家组，对项目进行设计、关键技术指导，对整县推进项目实施前、中、后期全过程技术指导。县发展和改革、农业农村、生态环境分局保等单位技术人员及养殖场负责人组成实施小组，严格按照实施方案的内容组织实施完成项目建设内容，做好相关技术推广指导、项目基础设施建设及现代化设备的引进等工作。

（二）规划布局

贺兰县将草畜产业纳入全县农业“一园五带两路”规划布局。根据区位特点以及养殖规模合理布局，全县畜牧业规划布局主要划分为草畜产业带和中等规模养殖区：建立贺兰山东麓草畜产业带，涉及洪广镇、南梁台子等地，配套建设支持草畜产业发展的饲草种植基地，形成种养紧密结合的草畜产业带。在中东部地区建立以生猪、家禽适度养殖的中等规模养殖区，涉及金贵镇、习岗镇，建设粪污污水深度加工处理再利用设施设备，与种植基地建立粪污消纳利用体系，逐步形成了产业布局合理、主次分明、突出重点、整体推进的县域农业产业发展规划，充分发挥种养结合、循环利用的原则，科学实施项目建设内容。

（三）管理原则

1. 统一实施方案 根据整体规划布局，制定合理完善的实施方案，并根据不同主体，因场施策，做到粪污资源化利用全覆盖；养殖场制定“一场一策”粪污资源化利用实施方案。

2. 全程控制管理 在项目建设过程中，建立专门的项目运行管理机构，由专门的管理人员统一管理、分项操作。组织有关部门、专家对项目进展和完成情况进行检查，确保项目按方案组织实施。实施过程中建立健全项目建设档案，对项目施工、设备购置等进行登记入账，做到档案资料齐全。项目建设工程结束后，进行自查自验。

3. 加强资金管理 项目建设实行“以奖代补，先建后补”的原则，按照项目建设方案对照实施主体项目建设内容完成情况、资金投入情况进行决算，并经有资质的第三方公司审计，按照奖补资金不超过投入资金50%的原则给予一次性奖补。项目资金直接下达到农业农村局专户中，设立独立科目，专账管理，建立严格的项目建设资金使用制度，运用财政、审计等综合力量，加强项目资金使用过程中的监督检查，实行专款专用。

4. 强化监督管理 一是加大执法监督检查力度。贺兰县农业农村局联合生态环境局对项目实施情况进行不定期督查，对畜禽规模养殖场粪污资源化利用情况、配套设施建设及运行情况、养殖场环境卫生情况进行定期督查，对项目实施不力、环境卫生较差的养殖场现场下发整改通知及处罚，督促养殖场按照项目实施方案高质量完成项目建设。二是严格执行环境准入。新建、改（扩）建畜禽规模养殖场要严格履行环境影响评价和“三同时”制度并且严禁在禁养区内新建畜禽规模养殖场。

（四）工作机制

1. 总体思路 按照整县推进，分步实施，分单位建设的总体思路，遵循“填平补齐”的原则，整县推进畜禽粪污资源化利用。贺兰县奶牛养殖标准化规模养殖程度高，是全县畜牧业优势特色主导产业，是畜禽养殖粪污的主要来源，首先加强奶牛养殖粪污资源化利用设施设备建设，在规模奶牛场主要采取“种养一体化+循环利用”和粪污污水深度处理再利用两种模式，重点围绕粪污处理利用、饲草料基地配套、奶牛场设施设备标准化改造提升等方面进行建设，通过源头减量化、有机肥加工、配套牧草基地消纳、建立稳定粪污消纳基地等模式，实施资源化利用；在家禽、生猪、肉牛、肉羊等养殖场建立种养紧密结合的粪污处理利用模式，鼓励养殖场就地就近处理养殖粪污，养殖场全覆盖建设粪污收贮设施，通过堆贮发酵、第三方收集处理等措施，将粪污生产为有机肥用于周边农田，推动形成“种养结合、农牧循环”农业发展格局。

2. 规范项目流程

（1）摸清养殖底数 根据贺兰县养殖备案系统对规模养殖场进行摸底调查，对申报项目的养殖场逐一入场调查，统计养殖场现有资源化利用设施、环境影响评价备案、周边可消纳土地情况等。

（2）确定实施主体，分类指导 针对不同区位条件、养殖规模、基础设施的养殖场，确定适宜的粪污处理模式和建设内容，指导养殖场制定“一场一策”粪污资源化利用项目申报实施方案，同时开展分类指导。

（3）项目建设 养殖场根据项目实施方案，做好模式选择、设备选型、项目实施进度规划，按照进度规划及专家意见建议进行项目建设，同时做好环评备案工作。

（4）第三方审计 项目实施单位建设完毕后，整理项目实施方案、施工图纸、自验报告、结算报告等资料，经有资质的第三方审计咨询单位对项目建设内容及资金进行审计，审计通过后方可提请多部门联合验收。

（5）项目验收 组织县级环保、审计、财政、农业农村等部门组成项目验收组，根据第三方审计单位出具项目实施单位审计报告，对项目实施单位建设内容和资金投入分批入场验收。

（6）结果公示 验收结束后，在贺兰县政府门户网站或微信公众号对验收结果进行公示。

（7）资金拨付 公示无异议后，及时拨付奖补资金。

（8）资料归档 项目实施小组对项目实施主体档案资料进行分户归档和统一保存，包括资源化利用方案、资源化利用总结、养殖场环评资料、项目验收表、项目审计结果、项目设施照片、项目建设发票、会计凭证等。

3. 建立养殖污染治理长效工作机制 贺兰县人民政府每年组织相关部门召开贺兰县畜禽养殖废弃物资源化利用工作会议，研究部署全县畜禽粪污资源化利用工作。按照“河长制”“水污染防治”“农业面源污染防治”等要求，制定完善的养殖污染管理长效工作机制。将畜禽养殖废弃物资源化利用工作纳入政府对农业农林局、生态环境分局、自然资源局、乡镇等部门的绩效考核，考核指标作为年度绩效依据。

4. 强化技术指导与培训 一是加强技术培训。积极开展畜禽粪污资源化利用培训及现场观摩会，每年召开粪污资源化利用培训及现场观摩会2场次以上，要求贺兰县全县规模养殖场（户）必须参加培训。推广畜禽养殖粪污资源化利用的技术模式、经验做法，切实增强畜禽养殖人员的责任意识和绿色发展意识，不断提高畜禽养殖粪污资源化利用和污染防治水平，共同营造推进畜禽养殖粪污资源化利用的良好氛围。二是加强技术指导。围绕源头减量、粪污处理、还田利用等关键环节，开展畜禽粪污资源化利用科技攻关，推广应用生物发酵饲料、微生物菌剂等科技手段（图1），提高饲料消化率，分解养殖异味，减少粪污产生量，提升粪污资源化利用水平。根据《畜禽粪便贮存设施设计要求》和《畜禽养殖污水贮存设施设计要求》等规范，分类对奶牛、肉牛、家禽、生猪、羊等畜禽粪污进行无害化处理及资源化利用，提高资源转化利用效率。三是开展入户指导培训。结合"全国基层农技推广与改革示范""草畜产业节本增效科技示范"等项目，采取技术人员包点方式，开展一对一技术指导与服务，重点从节本增效实用技术推广及粪污资源化利用等方面，提升畜牧业综合生产能力，加快产业转型升级。

三、推进措施

（一）规模养殖场

按照规范化、全覆盖的原则，在规模养殖场采用源头减量（图1）、过程控制、末端利用进行粪污资源化利用。

图1　清粪车对奶牛场粪污全部收集

1. 奶牛养殖场 经过多方调研，最终选择2～3种适用贺兰县规模奶牛场粪便及污水处理设备。污水处理方面，规模奶牛场主要选用固液分离＋氧化塘氧化还原处理（图2）。粪便处理方面，大型规模奶牛场粪便处理主要采用两种方式，一是通过第三方处理中心建立长期订单销售模式，将粪便外销给有机肥加工厂生产有机肥；二是自建粪便处理中心，配套相应的土地，粪便采用槽式、条垛式发酵或设备式处理（图4、图5）的方法将粪便生产为有机肥，施用于自有土地，实现种养结合。

图 2　3 000 头以上规模奶牛场大型固液分离设备

图 3　规模奶牛场建设污水深度处理设施设备

图 4　大型规模奶牛场建设槽式或条垛式粪便处理设施

图 5　粪便肥料化一体设备

2. 肉牛、肉羊、家禽养殖场　肉牛、肉羊、家禽粪便含水量较低，圈舍干燥，粪便容易堆积。规模养殖场采用种养结合模式，养殖场建设堆粪场（图 6），将粪便堆积发酵 3 个月以上，或第三方收集处理生产有机肥，还田利用。

图 6　堆粪场

3. 生猪养殖场　贺兰县规模猪场共 9 个，猪存栏 7 485 头，户均存栏 832 头，普遍为中小规模养殖场。生猪规模养殖场采用漏粪地板、干清粪工艺（图 7），粪污经干湿分离（图 8）后，粪便在堆粪场（图 9）内自然发酵 3 个月以上还田利用，液体在储粪池内储存 6 个月以上，以适当的比例作为液体肥料和农田灌溉水灌溉周边农田。

图7　生猪养殖场漏粪地板

图8　干湿分离

图9　粪污储存池

（二）规模以下养殖场（户）

规模以下养殖场（户）大多自有土地充足，能够消纳养殖产生的粪污。规模以下养殖场（户）粪污资源化利用方式为种养紧密结合模式，建设相应的粪污堆积场所，养殖粪便在场内堆积发酵后就近施用于自有农田。

（三）第三方处理中心

贺兰县共有7个有机肥加工处理中心，其中6个以畜禽粪便作为主要原料生产有机肥，年可消纳粪污6.5万吨，年生产有机肥3.1万吨。第三方处理中心安排专门拉运粪污的车辆，定期就近收集养殖粪污，加工为有机肥。

（四）农牧结合种养平衡措施

1. 规划适宜的种养结合模式　贺兰县畜禽粪污资源化利用模式主要采用种养结合模式，分别探索并推广了适用于大型规模养殖场和中小规模养殖场（户）的畜禽粪污资源化利用模式。大型规模养殖场主要通过流转周边土地自建种植基地或签订长期稳定粪便销售订单消纳养殖场产生的畜禽粪污，该模式以中地生态牧场有限公司、宁夏农垦等企业为主要代表。中小规模养殖场（户）通过粪便快速发酵一体化处理和自然堆放发酵处理畜禽粪污，处理后的畜禽粪肥可直接还田或用于有机肥生产的原料。

2. 保持稳定耕地面积　近年来，贺兰县通过建设永久性蔬菜基地、划定粮食生产功能区、永久性基本农田建设、高标准农田建设、秋冬农田水利建设、耕地占补平衡等措施，保持全县耕地面积稳定在57万亩，建立足够用于消纳粪污的土地。

3. 建立种养结合紧密衔接机制　①政策引导，建立畜禽养殖粪污与种植业紧密结合模式。大力推广实施果菜茶有机肥替代化肥、银北万亩盐碱地改良、测土配方施肥等技术示范，加大有机肥使用量，推动粪肥还田。②大力推广种养结合生态养殖模式。积极鼓励规模养殖场通过流转、租用等方式配套建设相应的消纳粪污土地，将发酵处理后的固（液）体粪肥用于自有土地，实现粪便（肥水）还田。贺兰县规模养殖场自建种植基地7.2万亩，其中自建牧草基地5.6万亩，通过自建种植基地，打通还田通道、分担还田成本，实现就地就近循环利用，构建种养循环发展机制。③引导养殖场签订粪污消纳合同，解决粪肥还田“最后一公里”问题。对于没有相应配套粪污消纳土地的养殖场，鼓励养殖场与种植大户、企业签订长期稳定的粪污消纳合同，保障粪污就近还田利用。

4. 大力实施果菜茶有机肥替代化肥项目 2018年、2019年果菜茶有机肥替代化肥试点项目在贺兰县设施日光温室园区实施，总规模2.655万亩，堆制畜禽粪便有机肥共11 447吨，其中，建立“有机肥+水肥一体化”模式示范24 900亩，“有机肥+秸秆生物反应堆”模式示范1 500亩，“有机肥+绿肥+机械深施”模式示范100亩，“蚯蚓有机肥+大处方防控”模式示范50亩。

四、实施成效

（一）目标完成情况

2018年，贺兰县畜禽粪污产生总量为106.98万吨，资源化利用量105.89万吨，畜禽粪污综合利用率98.98%。根据《畜禽规模养殖场粪污资源化利用设施建设规范（试行）》，县级畜牧、生态环境部门对全县48个规模养殖场粪污资源化利用配套设施进行了联合验收，目前全县规模养殖场粪污处理设施全部建设完成，装备配套率达到100%。

（二）工作亮点

1. 建立考核联动机制 将“河长制”“水污染防治”“农业面源污染防治”与养殖粪污资源化利用相结合，建立考核联动，将畜禽养殖废弃物资源化利用工作纳入政府对相关部门的绩效考核内容，形成多部门联动、整县推进粪污资源化利用的机制。

2. 全覆盖建设粪污设施 抓大不放小，做到养殖粪污处理设施设备全覆盖，在做好规模养殖场设施设备全覆盖的同时，鼓励支持规模以下养殖场（户）建设养殖粪污收集存贮设施，逐步建立退出机制，无处理消纳粪污能力的养殖户将逐步退出养殖或进入园区集中养殖，接受统一管理。到2018年6月，规模养殖场粪污处理贮存设施配套率达到100%，到2019年6月，规模以下养殖场（户）设施设备配套率达到100%。

3. 建立奖补机制，提高项目建设单位积极性 作为奶牛养殖大县，首批争取实施“整县推进种养结合示范县”项目，贺兰县人民政府高度重视，结合国家奖补资金3 500万元，整合自治区粪污资源化利用资金1 000万元，首先在规模养殖场采取“以奖代补，先建后补”的方式，极大调动了养殖企业（场）的积极性，加快养殖场粪污资源化利用设施设备的建设。在完成规模场配套设施的同时，鼓励和支持规模以下养殖场（户）配套建设粪污资源化利用设施，县财政配套资金30%，自治区补助资金20%，养殖场自筹50%，支持规模以下养殖场（户）建设粪污存贮、处理设施。

4. 加大粪肥还田力度 将养殖粪污资源化利用和种植业有机肥替代化肥项目相结合，加大有机肥施用力度。通过推广实施秸秆生物反应堆、果菜茶有机肥替代化肥、测土配方施肥、病虫害绿色防控等技术示范，大力开展化肥减量、有机肥替代化肥行动，贺兰县全县化肥减量22.4%。

（三）效益分析

1. 经济效益 养殖粪污资源化利用，保证了养殖业的稳定发展。2018年年底，奶牛存栏4.65万头，成母牛单产达到8 700千克，由于养殖设施得到改善，奶牛单产比项目实施前头均提高 900 千克，新增牛奶 1.98 万吨，新增产值达到 7 326 万元，新增利润 594 万元，奶牛养殖效益明显提升。肉牛、肉羊、生猪、家禽稳定发展，每年可加工有机肥 20 万吨，增加收入 3 000 万元。种植优质牧草 12.2 万亩，通过增施有机肥，牧草种植亩均节本增收 100 元，年增收 1 200 万元。

2. 社会效益 紧紧围绕“创新、协调、绿色、开放、共享”的发展理念，有效补齐畜牧业种养结合的短板，促进了生态、健康、循环、安全、高效现代农业发展。通过粪污处理利用、强化种植基地建设、养殖设施改造等相关环节建设，采取种养结合循环发展方式，整县推进种养废弃物资源化利用，促进了种植业与养殖业的协调发展。拉长种养产业链，使畜禽养殖、粪处理和种植业并举发展，提高了种养业附加值和综合经济效益，提升了农业产业层次，为绿色生态农业的发展提供了有力的技术支撑。大量优质有机肥还田利用，可改善土壤结构，培肥地力，有效改善农产品品质，保障消费者的身心健康。养殖粪污资源化利用，有效遏制了养殖业对环境的污染，保证了畜牧业的健康稳定发展，保障了畜产品的有效供给。

3. 生态效益 粪污资源化利用设施设备的建设，极大地减少了畜禽养殖对环境的污染，利用有机肥替代化肥可使化肥用量减少 22.4%，土壤有机质含量每年提高 1.7%，为生产优质农产品创造了条件，实现了养殖废弃物的减量化、资源化、无害化利用，有效维护生态环境安全。

图书在版编目（CIP）数据

畜禽粪污资源化利用．整县推进典型案例/全国畜牧总站组编．—北京：中国农业出版社，2019.12
（畜禽粪污资源化利用典型案例系列丛书）
ISBN 978-7-109-26401-4

Ⅰ．①畜…　Ⅱ．①全…　Ⅲ．①畜禽—粪便处理—废物综合利用—案例　Ⅳ．①X713.05

中国版本图书馆 CIP 数据核字（2019）第 287287 号

中国农业出版社出版
地址：北京市朝阳区麦子店街 18 号楼
邮编：100125
责任编辑：周锦玉
版式设计：杜　然　　责任校对：周丽芳
印刷：北京通州皇家印刷厂
版次：2019 年 12 月第 1 版
印次：2019 年 12 月北京第 1 次印刷
发行：新华书店北京发行所
开本：787mm×1092mm　1/16
印张：12.25
字数：300 千字
定价：85.00 元

版权所有・侵权必究
凡购买本社图书，如有印装质量问题，我社负责调换。
服务电话：010-59195115　010-59194918